Fillomino

400 Puzzle

Teil 3 | Part 3

Index

4 - 103 = Matrix: 11x10

104 - 163 = Matrix: 22x10

164 - 183 = Matrix: 22x32

 ❖ post@schmidt.in

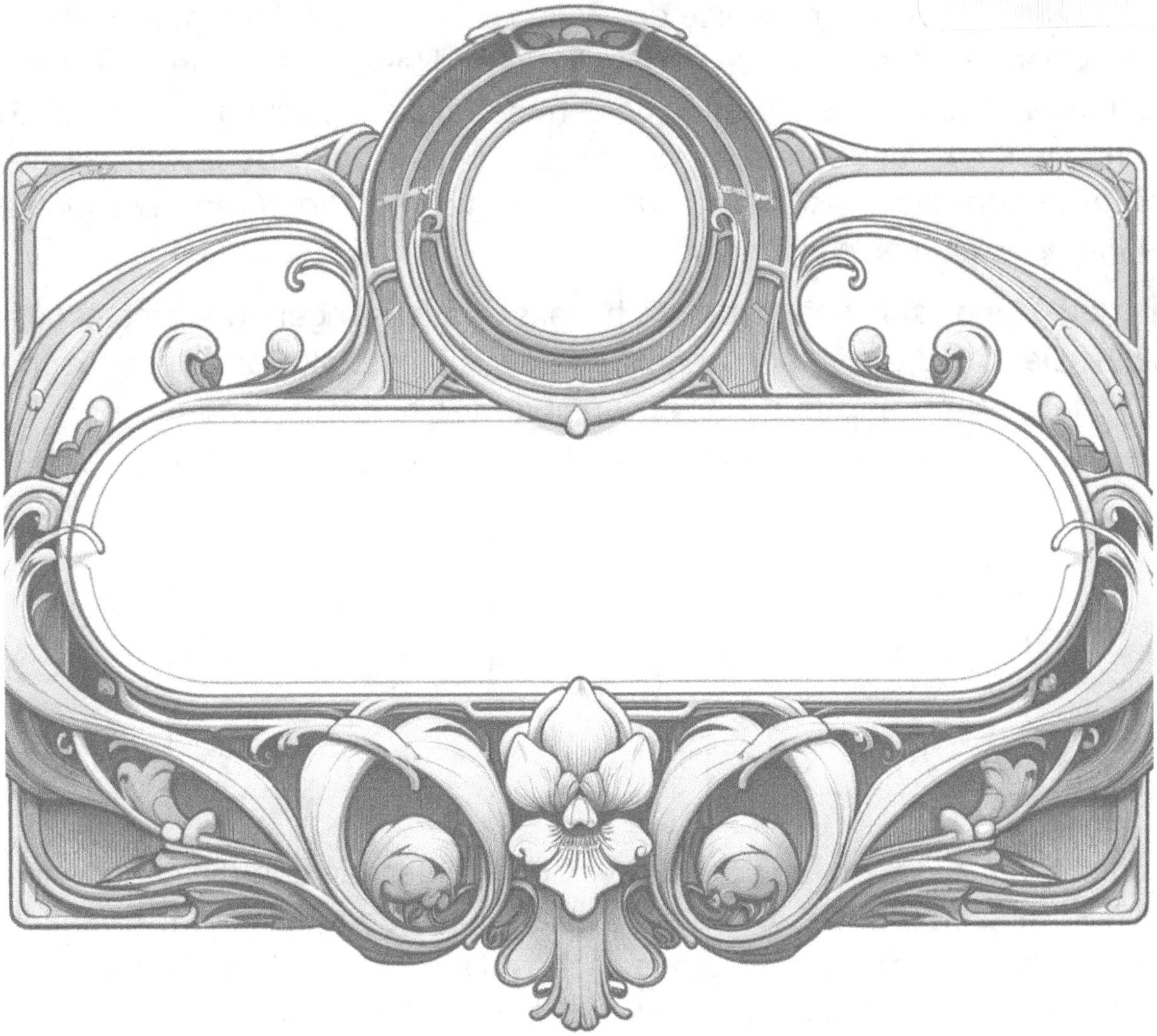

Fillomino ist ein Logikpuzzle-Spiel, das auf einem rechteckigen Gitter gespielt wird. Das Ziel des Spiels ist es, das Gitter so zu füllen, daß es in mehrere Bereiche unterteilt wird. Jeder Bereich besteht aus einer Anzahl von Zellen, die der Zahl in einer der Zellen dieses Bereichs entspricht. Zum Beispiel muß ein Bereich mit der Zahl "3" genau drei Zellen umfassen.

Zu Beginn des Spiels sind einige der Zellen bereits mit Zahlen gefüllt. Diese vorgegebenen Zahlen helfen dabei, den Rest des Gitters korrekt auszufüllen. Die Herausforderung besteht darin, die restlichen leeren Zellen so zu füllen, daß die Bereiche den Regeln entsprechen: *Bereiche gleicher Größe dürfen sich nicht horizontal oder vertikal berühren. Diagonale Berührungen sind jedoch erlaubt.*

Auf den Doppelseiten befindet sich links die Lösungen und rechts die Puzzle. Decken Sie mit der linken Hand oder einem Blatt Papier die Lösung ab. Vorteil: Kein Umblättern zum Lösungsvergleich.

5	5	5	2	2
5	5	3	3	3
3	3	4	4	5
3	1	4	4	5
2	2	5	5	5

5			2	
		3	3	
	3			5
	1	4		
		5		

Um das Spiel zu lösen, muß der Spieler logisch denken und die gegebenen Hinweise nutzen, um die fehlenden Zahlen korrekt zu platzieren. Fillomino erfordert Konzentration und strategisches Denken, da ein Fehler dazu führen kann, daß das gesamte Gitter neu bewertet werden muß.

Das Spiel ist ähnlich wie Sudoku oder andere Logikpuzzles, erfordert jedoch eine einzigartige Herangehensweise, da es keine festen Zahlen in jedem Gitterbereich gibt, sondern die Größe der Bereiche variiert. Fillomino bietet eine Vielzahl von Schwierigkeitsgraden, von einfachen Rätseln für Anfänger bis hin zu komplexen Herausforderungen für erfahrene Spieler. Es ist ein faszinierendes Spiel, das die grauen Zellen auf Trab hält und stundenlangen Spielspaß bietet.

English → Instructions

Fillomino is a logic puzzle game played on a rectangular grid. The goal of the game is to fill the grid so that it is divided into several areas. Each area consists of a number of cells that corresponds to the number in one of the cells of that area. For example, an area with the number "3" must contain exactly three cells.

At the start of the game, some of the cells are already filled with numbers. These given numbers help in correctly filling the rest of the grid. The challenge is to fill the remaining empty cells so that the areas comply with the rules: *areas of the same size must not touch each other horizontally or vertically. However, diagonal touching is allowed.*

On the double pages, the solutions are on the left and the puzzles are on the right. Cover the solution with your left hand or a piece of paper. Advantage: no flipping pages to compare solutions.

<table>
<tr><td>5</td><td>5</td><td>5</td><td>2</td><td>2</td></tr>
<tr><td>5</td><td>5</td><td>3</td><td>3</td><td>3</td></tr>
<tr><td>3</td><td>3</td><td>4</td><td>4</td><td>5</td></tr>
<tr><td>3</td><td>1</td><td>4</td><td>4</td><td>5</td></tr>
<tr><td>2</td><td>2</td><td>5</td><td>5</td><td>5</td></tr>
</table>

<table>
<tr><td>5</td><td></td><td></td><td>2</td><td></td></tr>
<tr><td></td><td></td><td>3</td><td>3</td><td></td></tr>
<tr><td></td><td>3</td><td></td><td></td><td>5</td></tr>
<tr><td></td><td>1</td><td>4</td><td></td><td></td></tr>
<tr><td></td><td></td><td>5</td><td></td><td></td></tr>
</table>

To solve the game, the player must think logically and use the given clues to place the missing numbers correctly. Fillomino requires concentration and strategic thinking, as a mistake can lead to reevaluating the entire grid.

The game is similar to Sudoku or other logic puzzles, but it requires a unique approach since there are no fixed numbers in each grid section, and the size of the areas varies. Fillomino offers a range of difficulty levels, from simple puzzles for beginners to complex challenges for experienced players. It is a fascinating game that keeps the brain engaged and provides hours of fun.

Lösungen - Solutions: Puzzle 001-006

2	2	6	6	6	6	5	5	5	4	4
4	4	4	4	6	6	5	5	4	4	3
6	6	6	6	3	3	3	6	6	3	3
6	6	7	7	7	6	6	6	6	4	4
8	8	7	7	7	7	8	8	8	4	4
8	8	4	4	4	4	8	8	8	8	8
8	8	6	6	6	6	4	4	4	4	3
8	8	6	3	3	3	5	5	5	3	3
2	2	6	2	2	5	5	4	4	4	4
5	5	5	5	5	6	6	6	6	6	6

3	3	3	7	7	6	6	6	6	6	6
7	7	7	7	7	9	9	9	9	3	3
4	4	4	4	9	9	4	4	4	4	3
3	3	3	9	9	9	5	5	5	5	5
2	2	4	8	8	8	8	2	3	3	3
3	3	4	8	8	8	8	2	1	2	2
3	4	4	7	7	7	7	7	3	3	3
6	6	6	6	4	7	7	4	6	6	6
6	6	3	3	4	3	3	4	3	3	6
2	2	3	4	4	3	4	4	3	6	6

4	4	4	6	6	6	6	8	8	8	8
2	2	4	2	2	6	6	8	8	8	8
3	3	3	4	4	4	4	7	7	7	7
2	2	7	7	7	7	5	5	7	7	7
9	9	9	9	9	7	7	5	5	2	2
9	9	5	5	9	9	7	3	5	4	4
3	3	5	5	5	2	2	3	3	4	4
3	8	8	8	8	8	6	6	6	6	3
4	4	4	4	8	3	3	3	6	6	3
3	3	3	8	8	5	5	5	5	5	3

8	8	3	3	4	4	4	4	3	3	3
8	8	3	1	3	3	3	5	5	5	4
8	8	7	7	4	4	5	5	4	4	4
8	8	7	7	4	4	2	2	3	3	3
7	7	7	5	5	5	3	9	9	9	9
9	4	4	5	5	3	3	9	2	2	9
9	4	4	6	6	6	2	2	9	9	9
9	6	6	6	2	2	3	3	3	2	2
9	3	3	3	5	5	5	4	4	4	4
9	9	9	9	9	5	5	3	3	3	1

3	3	3	2	2	6	6	6	6	6	6
7	7	7	7	7	7	7	3	3	3	4
5	5	5	5	5	2	2	1	4	4	4
2	2	3	3	3	5	5	5	8	8	8
8	8	8	8	5	5	8	8	8	8	8
8	8	8	8	6	6	6	7	7	7	7
3	3	4	4	6	6	6	7	7	7	2
3	4	4	3	3	3	5	2	2	3	2
2	2	7	7	7	7	5	5	5	3	3
3	3	3	7	7	7	2	2	5	2	2

8	8	7	7	7	7	5	5	5	5	5
8	8	7	7	7	2	2	4	4	4	4
8	4	4	4	4	7	6	6	6	6	6
8	8	8	7	7	7	6	4	4	4	4
2	2	7	7	9	9	9	9	6	6	6
4	4	2	7	9	9	9	9	6	6	6
4	4	2	6	6	6	6	9	3	3	3
2	2	9	9	6	6	5	5	5	5	5
4	4	9	9	9	9	2	2	3	3	3
4	4	9	9	9	4	4	4	4	2	2

Puzzle 001-006

2		6	6	6					4	
4				6	6	5		4		3
6			6			3	6	6		
6		7	7		6			6	4	4
8			7		7	8		8		
					4					8
				6		4			4	3
8		6	3					5		
2			2		5					4
5										6

3						6				6
7						9		9		
4					9		4			3
	3		9			5			5	5
	2		8	8	8	8	2			
	3		8	8	8			1	2	2
3		4	7				7			
6				4	7	7		6	6	
6		3	3			3	4	3		
2									6	

	2	4		2	6	6	8			
		3				4	7		7	7
2	2				7	5	5			
	9			9					2	2
			5		9		3			
	3			5	2				4	
3	8				8	6				3
4						3		6		3
3					5					

			3		4				3	
	8	3		3					5	
	8	7		4		5				4
			7	4		2				3
7			5							
9	4		5	5	3		9	2		
		4				2				
			6		2		3			2
	3		3				4			4
				9	5		3			

		3		2			6			
7					7	7	3			4
				5			1	4		
	2		3		5		5			8
	8		8	5				8		8
8		8		6			7	7		7
3			4	6			7			
	4		3		3	5	2			2
2				7						3
3							2	5	2	

8	8				7					5
	8			7	2		4			4
	4			4	7	6			6	
8	8						4			4
	2		7			9				6
			7	9	9			6		
	4	2					9	3		3
	2	9		6	6			5		
	4				9		2		3	3
	4							4	2	

3	3	3	2	2	4	4	4	2	2	9
5	5	5	5	5	2	2	4	9	9	9
3	9	9	9	9	7	7	7	9	9	9
3	3	9	2	2	7	7	7	7	9	9
9	9	9	9	5	5	5	5	5	3	3
6	6	6	6	6	6	9	9	9	9	3
2	2	4	4	4	4	9	9	9	5	5
8	8	5	5	5	5	9	9	5	5	5
8	8	3	3	3	5	2	2	3	3	3
8	8	8	8	2	2	5	5	5	5	5

4	4	5	2	2	1	2	2	5	5	5
4	4	5	5	5	5	3	3	3	5	5
9	9	9	2	2	6	6	6	6	6	6
9	9	3	3	3	5	5	5	5	2	2
9	9	9	9	2	2	5	3	3	3	5
4	4	4	4	6	6	6	2	2	5	5
2	2	3	3	3	9	6	6	6	5	5
6	4	4	4	4	9	9	9	9	9	2
6	6	6	6	6	9	9	9	2	3	2
5	5	5	5	5	3	3	3	2	3	3

4	4	4	4	3	3	3	8	8	8	8
8	8	8	8	6	6	6	2	2	8	8
8	8	3	6	6	6	3	3	3	8	8
8	3	3	2	2	4	4	5	5	5	5
8	9	9	9	9	4	4	5	4	4	4
5	9	9	9	8	8	8	3	3	3	4
5	5	9	9	8	8	8	8	8	6	6
9	5	5	3	3	3	6	6	6	6	4
9	9	9	9	9	5	5	5	5	5	4
9	9	9	6	6	6	6	6	6	4	4

2	2	6	9	9	9	9	9	3	3	3
7	7	6	6	3	3	3	9	9	9	9
7	7	7	6	6	6	5	5	5	5	5
7	7	4	4	4	4	3	3	3	4	4
4	4	8	8	8	8	5	2	2	4	4
4	4	8	8	8	8	5	5	3	3	3
7	7	6	6	6	6	5	5	6	6	1
7	7	7	8	8	6	6	4	4	6	6
7	7	8	8	3	7	7	4	4	7	6
8	8	8	8	3	3	7	7	7	7	6

8	8	8	8	8	2	2	3	3	3	6
8	8	8	7	7	7	6	6	6	6	6
7	7	7	7	2	2	3	3	3	4	4
2	2	4	4	4	4	2	2	4	4	5
7	7	7	7	7	7	7	3	3	3	5
4	4	2	2	3	3	3	8	5	5	5
4	4	5	5	5	5	5	8	8	8	8
7	7	7	7	7	7	7	8	8	8	4
9	9	9	9	9	6	6	6	6	6	4
9	9	9	9	2	2	6	2	2	4	4

9	9	9	9	9	9	9	2	2	4	4
9	9	7	6	6	6	6	6	6	4	4
7	7	7	4	4	7	7	7	7	7	7
7	7	7	4	4	6	6	3	3	3	7
3	3	3	6	6	6	6	4	4	4	4
5	5	5	5	5	2	3	3	3	5	5
4	4	4	4	1	2	7	7	5	5	5
3	2	2	7	7	7	7	7	3	3	3
3	3	6	6	4	4	4	8	8	8	8
2	2	6	6	6	6	4	8	8	8	8

Puzzle 007-012

3			2		4			2		
5				5	2			9		
					7					
3	3		2					7	9	
9			9	5	5			5	3	
					6	9			9	
	2		4	4		9		9		
	8	5			5		9		5	
8		3					2	3		3
			8	2				5		

	4			2	1					5
	4					3		3		5
		9	2	2						6
	9	3						5	2	
9			9		2		3		3	
		4				6	2			5
	2	3		3				6		
				4		9			9	
				6	9	9		2		2
				5	3					3

4			4	3		3	8			
							2			
	8			6	6	3			8	
	3	3		2						
8				9		4	5	4		
		9	9	8	8	8	3		3	4
		9			8			8	6	
		5			3					4
	9			9	5				5	
	9			6				6		

2									3	
7		6				3				9
					6					5
	7	4						3		4
4	4		8	8				2		
4		8	8	8	8	5	5	3		3
7		6				5		6		
7								4	6	
7		8		3	7				7	
8				3			7			6

	8					2	3			
		8		7		6				
7					2			3		4
	2			4		2			4	
						7			3	5
	4	2	2	3	3			5		
4	4		5				8		8	
	7			7		7		8		
	9	9		9	6				6	
	9				2			2	4	

						9		2		
9		7						6	4	
7				4	7					
	7	7			6				3	7
		3	6	6		6				4
5		5						3		5
4			4	1		7	7			5
	2		7			7	7			3
	3		6						8	8
	2	6			6	4	8			

1	3	4	4	3	5	5	5	2	4	4
3	3	4	4	3	3	5	5	2	4	4
8	5	2	2	7	7	7	7	9	9	9
8	5	5	5	5	7	7	7	2	2	9
8	8	6	6	6	3	2	2	9	9	9
8	6	6	4	4	3	3	6	6	9	9
8	6	4	4	6	6	6	6	3	3	3
8	8	3	3	3	8	8	2	2	4	4
6	6	6	6	6	6	8	8	8	4	4
2	2	4	4	4	4	8	8	8	2	2

3	3	3	5	5	5	5	5	9	9	9
2	2	6	6	6	6	6	6	9	9	9
3	3	3	2	2	4	4	4	9	9	9
4	4	4	4	7	4	7	7	4	4	5
8	8	8	8	7	7	7	1	4	4	5
8	8	8	8	2	2	7	2	2	8	5
6	6	6	6	6	6	3	3	8	8	5
8	8	8	8	8	2	2	3	8	8	5
4	4	8	8	6	6	6	8	8	8	4
4	4	8	6	6	6	2	2	4	4	4

3	3	3	6	6	7	7	7	7	2	2
2	2	1	6	6	7	5	5	7	7	8
4	4	4	6	6	5	5	5	8	8	8
4	5	5	9	9	9	2	2	4	4	8
5	5	5	9	9	9	9	3	4	4	8
3	3	3	9	9	5	5	3	3	8	8
5	5	5	3	3	3	5	5	5	2	2
5	5	2	2	6	6	6	6	6	6	5
7	7	7	7	3	3	3	8	8	8	5
7	7	7	8	8	8	8	8	5	5	5

5	5	5	5	5	3	3	3	4	4	4
7	7	7	4	4	4	4	5	5	5	4
7	7	7	7	8	8	8	8	8	5	5
4	4	6	6	6	5	5	5	8	8	8
4	4	6	6	6	4	4	5	5	4	4
8	8	8	8	3	3	4	4	3	4	4
8	8	8	8	3	2	2	3	3	2	2
3	3	6	6	6	6	6	9	8	8	8
3	2	2	6	9	9	9	9	8	8	8
4	4	4	4	9	9	9	9	8	8	1

9	9	9	5	5	8	8	8	8	8	8
9	9	5	5	5	8	8	7	7	7	2
9	9	9	9	7	7	7	7	4	4	2
5	5	5	5	8	8	8	8	4	4	3
5	4	4	3	3	3	8	8	2	2	3
4	4	5	5	2	2	8	8	5	5	3
5	5	5	4	4	4	3	3	5	5	5
9	9	9	9	9	4	3	4	4	4	4
9	9	3	3	3	2	2	8	8	8	8
9	9	5	5	5	5	5	8	8	8	8

4	4	4	9	9	9	4	4	3	3	3
4	7	7	9	9	4	4	5	5	2	2
7	7	9	9	3	3	3	5	3	3	3
7	7	7	9	9	2	2	5	5	2	2
2	2	5	7	7	7	7	7	7	8	8
5	5	5	5	7	8	8	8	8	8	8
8	8	8	8	3	3	3	9	9	2	2
5	8	8	8	8	9	9	9	3	3	3
5	5	5	3	9	9	9	9	5	5	5
2	2	5	3	3	4	4	4	4	5	5

Puzzle 013-018

	3				5					
3	3	4	4		3	5	5	2	4	
	5	2			7			9		
			5		7	7		2		
8			6	6			2			
		6	4		3			6	9	
	6			6				3		
				3	8			2	4	
					6			8	4	
	2			4		8			2	

3					5					
	2	6					6	9		
		3		2			4			
4	4		4	7			7	4	4	5
							1		4	
		8	8	2					8	
6				6		3		8	8	
8				8		2	3	8	8	
4				6			8			
		8	6				2	4		

3	3		6	6				7		2
		1		6		5	5			8
	4		6	6	5		5	8		
4	5	5			9		2			
5		5		9		9		4	4	
		3		9	5		3		8	
	5				3			5	2	
	5		2		6					5
	7	7	7		3		8		8	
7				8				5		

5				5		3		4		
		7				4	5			
7	7			8		8				
		6		6	5					
	4	6	6			4			4	
	8			3					4	
8				3	2		3		2	
		6						8	8	8
3		2	6	9	9			8	8	8
4		4						8	8	

		9		5	8					8
	9								7	
		9	9			7			4	2
			5	8		8	8			
		4		3				2	2	
			5	2		8	8		5	3
								5		
				9	4	3	4			4
	9		3	3	2			8	8	8
9		5			5					

		4					4		3	
4	7		9		4		5		2	
		9		3				3		
7					2			5	2	
	2	5	7					7	8	
5										8
8		8		3		3		9		2
5	8									3
				9						5
	2	5		3	4			4		

Lösungen - Solutions: Puzzle 019-024

4	9	9	9	9	9	9	9	9	9	2
4	7	7	7	7	7	4	4	6	3	2
4	4	7	3	3	7	4	4	6	3	3
6	6	2	2	3	2	2	6	6	6	6
6	6	3	3	9	9	9	9	9	9	9
2	6	6	3	5	5	5	5	5	9	9
2	4	4	4	4	7	7	7	7	2	2
3	3	3	2	2	7	7	7	3	3	3
2	2	6	6	8	2	2	4	4	4	4
6	6	6	6	8	8	8	8	8	8	8

4	3	3	3	2	2	4	4	4	4	3
4	4	4	6	6	6	6	6	6	3	3
8	8	8	3	3	3	5	5	5	9	9
8	8	8	7	7	7	5	5	9	9	9
8	8	3	3	7	7	7	7	9	9	9
2	2	3	4	4	2	2	6	6	6	9
6	6	6	4	4	3	3	3	6	6	6
4	4	6	6	6	5	4	4	8	2	2
4	4	5	5	5	5	4	4	8	8	8
2	2	3	3	3	2	2	8	8	8	8

2	2	5	5	7	7	7	5	5	5	5
5	5	5	7	7	7	7	5	3	3	3
4	4	4	4	2	2	6	6	6	8	8
6	6	6	7	7	7	6	6	6	8	8
6	6	6	7	7	7	7	8	8	8	8
9	9	9	9	9	9	9	4	4	4	4
4	4	6	9	9	8	8	8	6	6	6
4	4	6	6	8	8	8	6	6	5	5
1	5	5	6	6	8	8	6	3	5	5
5	5	5	6	4	4	4	4	3	3	5

6	6	6	6	6	6	3	3	3	4	4
7	7	7	4	4	4	4	5	5	4	4
7	7	7	7	8	8	5	5	5	3	3
4	4	4	8	8	8	8	8	2	2	3
2	2	4	5	5	8	7	7	7	7	1
3	3	3	5	5	5	7	7	7	3	3
6	6	6	4	4	2	2	6	6	3	5
6	6	6	4	4	1	6	6	8	8	5
8	8	8	8	3	3	6	6	8	8	5
8	8	8	8	3	8	8	8	8	5	5

2	2	5	5	8	8	8	8	8	8	5
5	5	5	3	3	8	8	5	5	5	5
9	9	9	3	2	2	1	9	9	9	9
9	9	9	9	7	7	7	9	9	9	9
9	9	4	4	4	4	7	7	7	7	9
4	4	5	5	5	5	5	6	3	3	5
5	4	4	3	3	3	1	6	3	5	5
5	5	5	5	8	4	4	6	6	5	5
8	8	8	8	8	4	4	6	4	4	4
2	2	8	8	3	3	3	6	2	2	4

6	6	6	4	4	4	4	8	8	8	8
4	4	6	6	6	2	2	8	8	8	8
4	4	5	5	5	5	5	4	4	4	4
6	6	9	9	9	9	9	9	9	9	9
6	6	8	8	4	4	3	3	3	4	4
6	6	8	8	8	4	4	5	5	4	4
7	7	8	8	8	7	7	7	5	5	5
7	7	7	7	4	4	7	7	2	2	3
7	2	2	6	4	4	7	7	4	3	3
3	3	3	6	6	6	6	6	4	4	4

								9		
					7		4			2
	4				7		4			3
	6	2		3		2				6
		3	3							9
					5			5	9	9
2	4				7		7			2
3			2					3		3
2				8	2	2	4			
6										

		3			2	4				
4		4	6							3
8			3			5	5		9	9
			7				5	9		
		3		7			7	9	9	
2	2		4		2				6	9
6		6			3					
				6	5	4	4	8	2	
	4							8	8	
	2			3	2		8			

2						7	5			
5			7					3		3
4				2				6	8	
	6		7	7		6	6		8	
6			7		7		8			
9				9		9	4			
4	4	6		9			8		6	
	4			8		8	6		5	
	5	5		6	8			3		
5	5	5		4					3	

6						3			4	
7	7		4		4		5		4	4
	7					5	5			
4								2		
2				5	8	7	7		7	
3		3			5	7	7	7		
			4	4		2		6	3	
6	6	6	4	4					8	
		8				6	6		8	
		8		3	8					5

	2	5		8					8	5
			3	3			5			
9	9	9				1		9	9	
9		9	9	7						9
9		4					7		7	
4		5					6		3	
		4	3					3		5
		5		8	4			6		
8					4	4			4	
	2	8		3			6		2	4

				4				8		8
	4			6	2	2			8	
						5	4			4
6	6	9					9			9
		8				3				4
		8		8		4	5		4	
7	7							5		
		7	7		4	7		2		
7	2				4			4		3
		3				6	6			4

5	5	5	5	5	2	2	4	4	4	4
7	7	7	7	7	7	7	5	5	5	3
8	8	8	8	8	8	8	8	5	5	3
3	3	5	5	3	2	2	7	4	4	3
3	5	5	5	3	3	7	7	4	4	1
2	2	3	3	7	7	7	6	6	6	6
4	4	3	5	5	5	7	5	6	6	3
4	4	5	5	4	4	4	5	5	3	3
8	8	8	8	8	8	4	5	5	4	4
8	8	7	7	7	7	7	7	7	4	4

5	5	5	7	7	4	4	4	2	2	1
5	5	7	7	7	7	7	4	3	3	3
2	2	4	4	4	4	5	5	5	5	5
5	5	5	3	3	3	7	7	7	7	7
5	3	5	4	4	2	2	7	7	4	4
3	3	7	4	4	6	6	6	6	4	4
2	2	7	7	9	9	9	9	6	6	3
7	7	7	7	9	9	9	9	9	7	3
5	5	5	5	7	7	7	7	7	7	3
3	3	3	5	3	3	3	4	4	4	4

6	6	6	8	8	8	8	8	8	8	8
6	6	7	7	7	7	7	7	4	4	4
6	8	8	7	4	2	2	5	2	2	4
8	8	8	8	4	4	4	5	5	5	5
8	8	2	2	5	5	2	2	7	7	7
2	2	3	3	3	5	5	5	7	7	7
4	4	4	4	2	2	4	4	4	4	7
3	3	3	6	6	6	3	3	2	2	3
5	5	5	6	6	6	3	9	9	3	3
5	5	9	9	9	9	9	9	9	2	2

3	1	3	3	3	6	6	4	4	4	4
3	3	6	6	6	6	4	2	2	6	6
7	4	4	4	4	3	4	4	4	6	6
7	7	7	7	7	3	3	2	2	6	6
3	3	3	7	2	2	8	8	8	2	2
2	2	4	3	8	8	8	6	3	3	3
4	4	4	3	3	8	8	6	6	6	6
8	8	8	8	2	2	4	4	4	4	6
8	8	8	8	3	3	5	5	5	3	3
5	5	5	5	5	3	5	5	2	2	3

4	4	4	5	5	5	5	5	2	2	1
2	2	4	3	3	3	6	6	6	6	2
8	8	8	8	4	4	4	4	6	6	2
8	8	8	8	6	6	5	5	5	3	3
7	7	7	7	6	6	6	6	5	5	3
7	7	7	4	4	4	4	3	3	3	5
4	4	6	6	3	3	3	5	5	5	5
4	4	6	6	6	6	4	4	4	4	6
5	5	3	3	3	2	2	3	6	6	6
5	5	5	4	4	4	4	3	3	6	6

9	2	2	4	4	5	5	5	3	3	3
9	9	9	4	4	5	5	6	6	6	4
2	2	9	9	9	6	6	6	4	4	4
3	3	3	9	9	5	5	5	5	5	1
5	5	8	8	8	8	8	8	3	2	2
5	5	5	8	2	2	8	3	3	6	6
6	6	6	5	5	4	4	4	4	6	6
6	6	6	5	5	5	8	8	8	6	6
7	7	7	7	4	4	8	4	4	4	4
7	7	7	4	4	8	8	8	8	2	2

	5				2	2				4
7			7				5		5	3
8					8			5		
	3	5		3	2			4	4	
		5	5	3	3			4		
2			3				6			
4					5	7	5	6	6	
	4	5							3	
					8	4		5	4	
								7		

			7	7	4					1
5		7						3		3
2		4				5				5
			3					7		
5			4		2		7		4	4
3		7			6					
2	2			9			9		6	3
				9	9	9		9		
5			5		7					3
3				3		3		4		

		6							8	
							7	4		
	8	8		4		2	5	2	2	
8			8							5
		2				2				7
	2	3					5	7	7	
	4			2		4			4	
3		3		6		3			2	3
5						3				
		9				9				2

				3		6		4		
	3	6						2	6	
7	4						4			
				7		3		2		
	3	3	7	2					2	
2	2		3	8			6		3	
4										6
8	8			2		4	4	4	4	
				3					3	
5		5	5		3	5		2		

4			5				5	2		
2			3			6			6	
8				4	4		4	6	6	
8	8	8	8							
				6			6	5		3
	7			4			3		3	
	4		6	3		3				5
	4	6		6		4			4	
	5		3		2		3	6		6
		5	4							

		2		4						3
9				4		5			6	4
	2			9	6	6		4		
	3									1
5	5						8		2	2
5		5	8	2		8	3			
				5	4					
	6	6			5	8				6
	7		7	4	4		4			4
									2	

6	6	6	4	4	4	4	2	2	5	5
6	6	6	5	5	5	5	5	3	5	5
5	5	5	3	3	3	8	8	3	3	5
1	5	5	6	6	8	8	8	8	8	8
4	4	4	4	6	6	6	6	3	3	2
7	7	7	2	2	8	8	8	8	3	2
7	7	7	7	8	8	8	8	6	6	6
5	5	5	5	7	7	2	2	6	6	6
5	7	7	7	7	7	6	6	4	4	4
2	2	4	4	4	4	6	6	6	6	4

6	6	6	6	9	9	9	9	9	9	9
2	2	6	6	9	9	3	3	3	8	8
7	7	7	4	4	4	4	8	8	8	8
7	7	7	7	5	5	5	8	8	2	2
2	2	6	6	5	5	4	4	4	4	1
3	3	3	6	6	6	6	5	5	5	2
4	4	4	4	2	2	5	5	4	4	2
3	3	6	6	6	3	3	3	4	4	1
4	3	6	6	6	2	2	5	5	2	2
4	4	4	2	2	3	3	3	5	5	5

4	4	2	2	5	5	2	2	4	4	4
4	4	5	5	5	3	8	8	4	8	8
2	2	3	4	4	3	3	8	8	8	8
5	3	3	4	3	6	6	6	6	6	6
5	2	2	4	3	3	9	9	9	9	9
5	3	3	3	2	2	6	9	9	9	9
5	5	4	4	4	4	6	6	5	5	5
8	8	8	3	3	3	6	6	5	5	1
8	8	4	4	4	4	6	4	4	4	4
8	8	8	5	5	5	5	5	3	3	3

8	8	6	6	2	2	5	5	3	3	3
8	8	6	6	6	6	5	5	5	7	7
8	8	4	4	4	4	7	7	7	7	7
8	6	6	6	6	6	6	4	4	4	4
8	5	5	5	3	3	3	5	5	5	5
3	3	3	5	5	2	2	5	9	9	9
2	2	4	4	1	3	3	3	7	9	9
5	4	4	3	5	5	7	7	7	9	9
5	5	3	3	5	5	5	7	7	7	9
5	5	2	2	4	4	4	4	2	2	9

8	8	6	6	6	6	6	6	3	3	3
8	8	3	3	3	2	2	5	5	5	5
8	8	2	2	6	6	6	7	7	7	5
8	8	3	3	6	6	6	7	7	7	7
2	2	3	5	5	5	8	8	8	8	8
4	7	5	5	7	7	2	2	8	8	8
4	7	7	7	7	4	4	3	3	3	1
4	4	5	5	5	4	4	8	8	8	8
3	3	3	5	5	6	6	6	6	8	8
2	2	1	4	4	4	4	6	6	8	8

7	7	5	2	2	7	4	4	3	4	4
7	7	5	5	7	7	4	4	3	3	4
7	7	5	5	7	6	6	6	2	2	4
2	7	2	2	7	7	6	6	6	9	9
2	8	8	8	8	7	9	9	9	9	9
8	8	5	5	2	2	9	9	5	5	5
8	8	5	5	6	6	6	6	6	6	5
2	2	5	9	9	9	9	9	9	9	5
4	4	6	6	9	9	3	3	3	2	2
4	4	6	6	6	6	5	5	5	5	5

				4			2			
		6	5	5	5		5	3	5	
5	5	5		3			8			
	5	5	6						8	
4			4				6		3	2
		7		2	8			8		2
7				8			8			
5		5	5	7			2			6
		7					6	4		
	2	4							6	4

				9						
2	2		6	9	9	3			8	8
		7			4		8	8	8	8
7			7	5	5		8	8		
2							4		4	1
3					6				5	
4	4				2	5		4	4	
		6				3			4	1
4	3		6		2		5			
4			2			3		5	5	5

			2				2			4
4	4	5				8		4	8	
2		3		4	3					
5		3		3	6			6		6
	2		4		3					9
	3				2	6				
					4	6	6	5	5	5
8					3	6		5	5	
					4		4			4
							5		3	

		6			2					3
		6			6		5		7	7
	8				4	7				
						6	4	4	4	
8	5					3			5	
3		3			2	2		9		9
	2			1				7	9	
5			3			7	7	7	9	9
5	5	3	3	5		5	7	7		
			2	4				2		

					6				3	
				3	2		5		5	
			2	6	6	6	7			5
	8								7	
	2	3	5	5	5	8	8		8	8
		5		7			2	8		
4						4	3			
	4	5	5	5			8			
			5	5	6	6		6	8	
	2	1			4					

	7			2	7	4		3		
	7	5						3	3	
			5		6		6	2		4
2			2		7	6				
			8			9			9	9
		5			2					
	8		5	6		6	6	6	6	
	2	5		9						5
	4	6	6			3	3	3		2
					6					5

2	2	4	4	4	4	7	7	3	3	3
8	8	8	8	3	3	3	7	7	7	7
8	8	8	8	2	2	4	4	5	5	7
4	4	4	4	9	4	4	7	5	5	5
2	2	9	9	9	7	7	7	7	3	3
4	4	9	9	9	7	7	5	5	5	3
5	4	4	3	9	9	5	5	4	4	1
5	8	8	3	3	8	2	2	9	4	4
5	8	8	8	8	8	9	9	9	2	2
5	5	4	4	4	4	9	9	9	9	9

9	6	6	6	6	6	6	5	5	5	3
9	9	9	9	9	2	2	5	5	3	3
3	3	4	4	9	9	9	4	4	7	7
2	3	4	4	3	3	3	4	4	7	7
2	7	7	7	7	7	2	2	7	7	7
3	3	3	8	8	7	9	9	9	9	9
2	2	5	8	8	7	9	4	4	4	9
5	5	5	5	8	8	9	2	2	4	9
6	6	6	4	4	8	8	7	7	7	7
6	6	6	4	4	3	3	3	7	7	7

5	5	2	2	4	4	6	6	6	4	4
5	3	3	3	4	4	6	6	6	4	4
5	5	7	7	7	7	7	7	5	5	5
4	2	2	7	8	8	4	4	7	5	5
4	3	3	3	8	8	4	4	7	7	7
4	4	6	6	8	8	8	8	7	7	7
6	6	6	4	4	6	6	6	6	3	3
2	2	6	4	4	2	4	6	6	3	6
8	8	3	3	3	2	4	4	4	6	6
8	8	8	8	8	8	2	2	6	6	6

7	7	7	4	4	4	4	3	3	2	2
7	7	7	7	5	5	5	3	4	4	1
4	4	4	4	2	2	5	5	4	4	3
3	3	3	5	4	4	4	2	2	3	3
5	5	5	5	4	6	6	6	6	9	9
3	3	3	2	2	6	2	2	6	9	9
5	5	5	3	3	9	9	9	9	9	2
5	5	7	7	3	5	5	3	3	3	2
7	7	7	7	7	5	5	5	8	4	4
2	2	8	8	8	8	8	8	8	4	4

8	8	8	8	2	2	4	4	4	4	6
8	8	8	8	3	3	2	2	6	6	6
4	4	4	4	3	9	9	9	9	6	6
3	3	5	5	5	9	9	9	9	4	4
3	5	5	7	7	7	7	7	9	4	4
2	2	7	7	9	9	3	3	3	2	2
3	3	3	9	9	9	2	2	8	4	4
9	9	9	9	8	8	8	8	8	4	4
5	5	3	3	3	8	8	5	5	5	5
5	5	5	4	4	4	4	3	3	3	5

6	6	6	9	2	2	3	3	5	5	5
6	6	6	9	9	9	3	5	5	2	2
3	3	3	9	9	9	9	9	3	3	3
2	2	5	5	5	5	5	2	2	4	4
4	4	4	4	7	7	7	7	7	4	4
9	3	3	3	7	7	5	5	3	3	3
9	9	2	4	4	4	5	5	5	2	2
9	9	2	4	5	5	2	2	3	3	3
9	9	5	5	5	3	3	3	4	4	4
9	9	2	2	4	4	4	4	2	2	4

2		4			4		7	3		
8				3		3				
8				2		4			5	7
4		4	4	9			7			5
2					7			7	3	
4	4				7				5	
		4	3				5	4		
				3	8	2	2		4	4
	8									2
	5			4			9			9

						6			5	
					2			5	3	
			4			9		4		
2	3	4			3			4	7	7
2		7					2			
	3	3	8	8					9	
2									4	
5			5				2	2		9
		6	4						7	7
	6				3		3			

		2			4			6		
	3				4		6	6		4
5		7					7			5
		2	7		8		4	7		5
		3			8					7
	4		6	8		8	8	7	7	7
				4		6		6	3	
2	2	6	4	4		4	6			6
			3	3	2				6	
		8					2	6		

			4				3	3		2
7	7			5						1
4					2	5	5			3
3			5		4			2	3	3
				4				6		
3	3			2	6		2	6		9
				3	9					
5	5	7	7						3	2
7				7	5	5	5			
	2	8							4	

8			8		2			4		6
		8					2	6	6	
4			4	3	9		9		6	
	3			5			9		4	
3							7	9	4	4
2			7		9	3				2
3					9	2				
9					8			8	4	4
		3		3						
	5					4			3	5

			9	2			3			5
6				9		3			2	2
3		3					9		3	
	2	5				5	2		4	
	4						7			4
	3		3				5			3
					4			5		2
9	9	2	4		5	2	2	3		
		5		5	3			4		
			2	4				2		

6	6	6	4	4	6	6	9	9	5	5
6	2	2	4	4	6	9	9	5	5	5
6	6	5	6	6	6	9	9	3	3	3
2	2	5	5	5	9	9	9	2	2	5
4	4	4	4	5	3	3	5	5	5	5
8	8	8	8	4	3	1	2	3	3	3
8	8	2	2	4	4	4	2	6	6	2
8	8	6	5	5	5	5	5	6	4	2
4	4	6	6	6	3	3	3	6	4	4
4	4	6	6	4	4	4	4	6	6	4

1	3	4	4	5	5	5	5	4	4	1
3	3	4	4	5	6	6	6	4	2	2
2	2	8	8	8	8	8	6	4	3	1
3	3	2	2	8	8	8	6	6	3	3
3	6	6	6	6	4	4	4	4	5	5
9	9	9	6	6	3	3	5	5	5	3
9	9	9	9	9	3	5	2	2	3	3
9	4	4	4	4	5	5	8	8	8	8
2	2	3	3	3	5	5	2	2	8	8
5	5	5	5	5	4	4	4	4	8	8

2	2	8	8	8	8	8	9	9	2	2
3	3	3	8	8	8	9	9	3	3	3
4	4	5	9	9	9	9	5	5	5	5
4	4	5	5	5	5	9	5	8	2	2
9	9	9	9	9	9	2	2	8	8	4
9	3	3	3	9	9	8	8	8	8	4
3	4	4	4	4	3	8	2	2	4	4
3	3	7	7	7	3	3	6	6	6	6
8	8	7	7	7	7	5	5	5	6	6
8	8	8	8	8	8	5	5	3	3	3

9	9	9	9	9	7	7	7	7	7	7
4	2	2	1	9	9	9	9	7	8	8
4	4	4	2	2	8	8	5	8	8	8
5	5	5	5	5	8	5	5	8	8	8
2	2	8	8	8	8	5	5	2	4	4
3	3	3	8	6	6	6	6	2	4	4
4	4	4	4	6	6	2	2	3	3	3
6	6	6	2	2	4	4	4	4	6	6
6	6	6	3	3	3	5	6	6	6	6
3	3	3	5	5	5	5	4	4	4	4

2	3	5	5	5	8	8	8	8	8	2
2	3	3	5	5	8	8	8	5	5	2
5	5	7	7	7	7	7	7	5	5	5
5	5	4	4	4	4	7	4	4	4	4
3	5	6	6	6	6	6	6	3	3	3
3	3	5	5	5	5	5	4	4	4	4
4	4	4	4	9	9	9	9	2	2	1
2	3	3	3	9	9	5	5	5	3	2
2	4	4	4	4	9	5	5	3	3	2
5	5	5	5	5	9	9	4	4	4	4

9	9	9	9	9	9	9	5	5	5	2
9	9	2	2	5	3	3	3	5	5	2
7	7	7	5	5	9	8	8	8	8	8
7	7	5	5	9	9	2	2	8	8	8
7	7	9	9	9	9	6	6	2	2	4
5	5	9	9	5	5	6	6	4	4	4
5	5	3	3	5	5	5	6	6	2	2
5	6	6	3	2	2	9	2	2	4	4
6	6	6	6	9	9	9	5	5	4	4
9	9	9	9	9	5	5	5	3	3	3

Puzzle 043-048

				4	6				5	
6	2					9	9	5	5	5
		5	6			9			3	
2	2				9				2	5
			4	5		3				
			8			1				3
	8	2		4					6	2
	8		5			5	5		4	
	4	6					3			
	4						4	6		

1		4					5		4	
		4	4	5		6			2	2
	2					8		4		1
	3		2	8		8		6		
	6			6				4		5
	9	9	6	6		3	5			3
		9				5	2		3	
9	4			4	5		8			
	2	3					2			
		5			4					

2			8			8		9	2	
3		3		8				3		
			9							
4	4	5					5		2	
9							2	8		4
	3									4
3		4				8	2		4	
	3	7	7		3		6			
	8				7	5				
					8			3		3

9				9						
4	2						9	7	8	8
				2		8		8	8	8
5				5			5		8	8
	2	8						2		4
3					6		6	2		
4	4		4				2	3		3
				2				4		
	6		3		3	5		6		6
		3			5			4		

	3	5		5						2
2			5	5			8	5	5	
		7		7	7	7	7			
					4			4		4
	5	6			6			3	3	3
	3	5								
	4		4	9					2	1
		3				5		5		
2	4	4	4			5	5	3		
5						9		4		

9									5	2
		2	2		3					
7		7			9	8			8	
	7		5	9			2			
		9				6		2		
5	5	9	9	5			6	4		
	5	3				5		6		2
	6	6	3		2		2			
						9		5	4	4
9	9									3

8	8	8	8	4	4	4	4	6	6	6
7	8	8	2	2	7	7	7	7	7	6
7	8	8	5	5	5	5	7	7	6	6
7	7	7	7	7	5	4	4	4	2	2
6	6	6	6	6	6	4	2	2	3	3
3	3	3	5	5	5	5	5	9	9	3
4	4	7	7	7	9	9	9	9	8	8
4	4	7	7	9	9	9	8	8	8	8
8	8	8	7	7	2	2	8	8	5	5
8	8	8	8	8	3	3	3	5	5	5

4	4	4	4	2	2	8	8	3	3	3
2	2	8	8	8	8	8	8	5	5	5
7	7	7	7	5	5	5	5	7	5	5
8	7	7	7	5	7	7	7	7	7	7
8	8	8	3	3	3	4	4	4	4	2
8	8	8	8	5	5	5	7	7	7	2
9	9	9	3	3	5	5	7	7	7	7
9	9	6	3	2	2	4	4	8	4	4
9	9	6	6	6	6	4	4	8	4	4
9	9	6	8	8	8	8	8	8	2	2

4	4	4	4	9	9	9	5	5	5	5
9	9	7	9	9	9	9	5	3	3	3
9	7	7	9	9	4	4	2	2	4	4
9	7	7	7	7	4	8	8	8	4	4
9	9	9	2	2	4	8	8	6	6	6
9	9	5	5	5	5	5	8	8	8	6
4	4	4	4	2	2	3	3	3	6	6
8	8	8	7	7	7	7	9	9	9	9
8	7	7	7	4	4	4	3	3	3	9
8	8	8	8	4	2	2	9	9	9	9

4	4	4	8	8	8	3	3	3	2	2
4	8	8	8	8	8	2	2	4	4	4
5	5	5	5	5	3	3	3	4	2	2
4	4	3	3	3	4	4	7	7	7	7
4	4	8	8	8	4	4	7	7	7	4
8	8	8	8	8	3	3	3	4	4	4
5	5	4	4	4	9	9	9	9	9	9
5	3	4	7	7	5	5	5	9	9	9
5	3	3	7	7	7	7	5	5	4	4
5	4	4	4	4	7	3	3	3	4	4

8	8	8	8	8	8	3	3	3	4	4
8	8	6	6	6	6	6	7	7	7	4
5	5	3	3	3	6	2	2	7	7	4
5	5	5	4	4	3	3	3	7	7	6
3	3	3	9	4	4	8	2	2	6	6
9	9	9	9	9	9	8	8	4	4	6
4	4	9	9	6	6	6	8	4	4	6
4	4	3	6	6	6	8	8	8	8	6
2	2	3	3	2	2	9	9	9	9	9
4	4	4	4	3	3	3	9	9	9	9

4	4	4	4	5	5	1	4	2	2	9
2	6	5	5	5	4	4	4	6	9	9
2	6	6	6	6	8	8	6	6	9	9
4	4	4	4	6	8	8	6	6	6	9
5	5	5	5	5	8	8	8	8	3	9
1	2	2	1	4	4	6	6	3	3	9
5	5	3	3	4	4	6	6	4	4	9
5	5	3	2	2	6	6	4	4	6	6
5	3	4	4	7	7	7	6	6	6	6
3	3	4	4	7	7	7	7	3	3	3

Puzzle 049-054

							4	6		
				2				7	7	
	8	8	5			5	7			
			7		5				2	2
6					6	4		2	3	
		3	5				5	9	9	
	4	7			9					
				9		9	8			8
8	8	8	7			2		8		
				8			3	5		

	4			2			8	3		
	2	8					8	5		
7			7	5				7		
8		7			7					7
	8	8		3			4		4	
			8	5		5		7		2
9		9				5				7
	9	6	3	2			4	8		
	9				6		4			4
	9							8		2

4					9	9		5		
9	9		9	9	9			3		3
	7		9	9			2			4
	7				4	8		8		
		9	2			8		6	6	6
	9	5								
4		4			2	3				
		8								
8	7						3			
8		8		4	2		9			

		4		8				3		2
4			8		8		2	4		
				5			3			2
	4			3		4				7
4			8	8		4	7			4
8		8					3	4		
5			4	4						
		4						9	9	9
		3				7		5		
				4	7	3				4

								3	4	4
	8	6								
	5	3				2	2	7		4
			4		3					6
3	3	3			4	8	2		6	
					9					
	4	9	9			6	8		4	6
	4	3			6	8		8	8	
	2				2					
			4			3	9			

			4		5		4	2		
		5			4		4			
2	6		6		8	8	6		9	
4							6		6	
5				5				8		
1			1		4			3		
	5				4		6			9
	5			2	6		4			
5			4				6			
3		4	4				7	3		

9	9	9	9	2	2	9	9	9	9	9
3	2	2	9	6	6	5	9	9	9	9
3	3	9	9	6	6	5	5	5	5	3
8	8	7	9	9	6	6	9	9	3	3
8	8	7	7	7	7	7	7	9	9	9
8	8	4	4	3	3	3	9	9	9	9
8	8	4	4	2	4	4	4	4	3	1
5	3	3	3	2	7	7	7	7	3	3
5	4	4	4	4	9	7	7	7	9	9
5	5	5	2	2	9	9	9	9	9	9

5	5	5	9	9	9	9	9	5	5	5
5	5	9	9	9	9	6	6	6	5	5
3	3	3	8	8	8	8	8	6	4	4
4	4	4	4	8	8	8	6	6	4	4
3	3	2	2	6	6	6	2	2	3	3
3	5	5	5	8	8	6	6	6	3	1
5	5	4	4	8	8	5	5	5	5	5
2	2	4	4	8	8	8	8	3	3	1
8	8	8	8	5	5	5	5	3	4	4
8	8	8	8	3	3	3	5	4	4	1

2	2	6	6	9	4	4	4	4	2	2
6	6	6	7	9	9	9	9	9	4	4
6	2	2	7	7	9	9	9	5	4	4
7	7	7	7	4	4	4	4	5	5	5
4	4	4	4	6	6	6	9	9	9	5
3	3	3	6	6	2	2	9	9	9	9
9	9	9	9	6	7	3	3	3	9	9
9	2	2	3	3	7	7	7	7	7	7
9	9	9	3	2	2	5	5	5	5	5
2	2	9	8	8	8	8	8	8	8	8

7	7	7	5	5	5	5	5	7	7	7
7	7	7	7	3	3	3	7	7	7	7
8	8	8	8	8	8	2	2	5	5	5
6	6	6	8	8	9	9	9	9	9	5
2	2	6	6	6	9	9	9	9	7	5
5	5	5	5	5	8	8	8	8	7	7
4	4	4	4	3	3	3	8	8	7	7
2	2	5	5	5	5	5	8	7	7	4
4	4	7	7	7	7	7	8	3	3	4
4	4	7	7	4	4	4	4	3	4	4

4	4	3	3	3	9	9	9	3	3	3
8	4	4	2	2	9	9	9	9	9	9
8	8	8	6	6	6	5	5	5	3	3
8	8	8	6	6	6	5	5	2	2	3
8	5	5	5	5	5	3	3	3	9	9
4	4	6	6	9	9	9	9	9	9	9
4	4	6	6	2	2	5	5	3	3	3
9	9	6	6	5	5	5	3	5	5	5
9	9	3	3	3	2	2	3	3	5	5
9	9	9	9	9	4	4	4	4	2	2

3	3	3	4	4	4	4	2	2	4	4
8	8	8	8	5	5	3	3	3	4	4
8	8	6	6	5	5	5	8	8	7	7
5	8	8	6	8	8	8	8	7	7	7
5	5	6	6	8	8	5	5	2	2	7
5	5	6	4	4	5	5	5	4	4	7
1	2	2	4	4	7	3	3	3	4	4
3	3	3	2	2	7	7	7	2	2	3
4	4	4	6	6	6	7	7	7	3	3
4	3	3	3	6	6	6	4	4	4	4

Puzzle 055-060

	9			2			9			9
3	2			6		5		9		9
	3			6					5	3
		7					9			
8						7			9	9
	8	4				3	9	9	9	
								4	3	
		3	3	2			7	7	3	3
			4			7	7	7	9	
		5	2							

		5	9				9			
5			9	9						5
3		3	8				8	6	4	4
4				8			6	6	4	4
	3	2		6		6	2			
	5		5	8	8		6			1
				8	8	5				
2	2	4	4	8	8					
		8			5			3	4	4
				3		3		4		

	2			9	4				2	2
	6				9	9				
6		2		7	9	9		5		4
7				4				5	5	
			4	6		6	9			5
3		3			2			9		
			9		7			3		9
	2	2	3			7	7	7		7
					2	5				
2						8	8			

		7	5							
			7		3		7			
8				8	8	2		5		
			8	8		9				
	2			6	9	9	9	9		5
		5		5	8					
		4				3			7	
	2		5			5		7		
	4					7	8			
	4						4	3	4	

4		3					9	3		
8		4	2							
			6			5		5	3	
	8		6	6	6	5			2	3
	5		5					3	9	
4				9						
	4	6		2				3		
9	9	6		5				5		
	9	3			2		3		5	
					4				2	

	3					4		2		
8			8					3	4	
				5		5		8	7	
5		8		8		8				
	5	6		8	8			2	2	
	5		4		5				4	
		2			7	3				4
		3	2	2					2	3
		4			6			7		
			3							4

9	9	9	9	9	9	9	3	3	3	4
3	3	3	8	8	8	9	9	4	4	4
4	4	4	8	8	8	8	8	9	9	2
8	8	4	2	2	9	9	9	9	9	2
8	8	8	3	3	3	9	9	5	5	5
8	8	8	7	4	2	2	8	8	5	5
4	7	7	7	4	8	8	8	8	2	2
4	7	7	7	4	8	8	5	5	4	4
4	4	3	3	4	2	2	5	5	4	4
2	2	3	2	2	3	3	3	5	2	2

2	2	4	4	4	4	8	8	8	8	2
5	5	7	7	7	7	8	8	8	8	2
5	5	5	7	7	7	3	3	3	4	4
4	4	4	4	6	6	6	6	6	4	4
8	8	8	8	6	4	4	4	4	2	2
5	8	8	8	8	6	6	6	6	4	3
5	5	3	3	3	6	6	4	4	4	3
5	5	4	4	4	4	8	8	2	2	3
3	3	3	6	6	6	8	8	8	4	4
1	2	2	6	6	6	8	8	8	4	4

4	4	6	6	6	6	5	5	5	5	5
4	4	6	6	2	2	3	3	3	4	4
3	5	5	5	5	5	8	8	8	8	4
3	3	4	4	4	4	8	8	8	8	4
7	7	7	7	7	7	7	3	3	3	6
4	4	8	8	8	8	6	6	6	6	6
4	4	8	8	8	8	3	3	3	2	2
7	7	5	5	5	5	5	7	7	7	7
7	7	7	7	7	3	3	3	7	7	7
4	4	4	4	2	2	5	5	5	5	5

5	5	5	5	5	7	5	5	5	5	5
7	7	7	7	7	7	8	6	6	6	6
8	8	8	8	8	8	8	2	2	6	6
6	6	6	9	9	5	5	5	4	4	2
6	6	6	9	9	9	5	5	4	4	2
8	8	8	8	9	9	9	9	3	3	3
4	4	8	8	6	2	2	7	5	5	1
4	4	8	8	6	6	7	7	5	5	5
2	2	6	6	6	7	7	6	6	6	6
5	5	5	5	5	7	7	6	6	2	2

4	4	3	3	4	4	4	4	7	7	7
4	4	3	5	5	5	5	5	7	7	7
7	7	7	7	7	7	7	9	9	9	7
3	3	3	4	4	4	4	9	9	9	9
5	5	6	6	6	6	9	9	6	6	6
5	5	6	6	8	8	8	8	6	6	6
5	3	8	8	8	8	7	7	7	7	7
3	3	6	6	6	5	5	5	5	5	7
4	4	4	6	6	6	8	8	8	8	7
4	3	3	3	8	8	8	8	3	3	3

4	4	4	4	5	5	3	8	8	8	8
2	2	5	5	5	3	3	8	8	8	8
3	7	7	7	7	6	6	6	6	6	6
3	3	7	7	7	5	5	5	5	5	1
4	4	4	4	8	8	8	8	6	6	6
5	5	5	5	8	8	5	5	5	5	6
3	3	3	5	8	8	5	9	9	6	6
4	4	4	4	7	7	9	9	9	2	2
9	7	7	7	7	7	2	2	9	9	9
9	9	9	9	9	9	9	9	2	2	9

		9						3		
		3		8	8		9	4		
			8				8	9	9	2
	8	4	2	2					9	
8		8			3					
			7		2			8	5	
	7	7	7		8			8	2	
	7	7	7	4	8			5	4	
	4				2					4
2		3	2		3					2

	2	4								
	5	7		7		8			8	2
					7	3	3	3		4
4		4						6		
8		8		6			4	4	2	2
	8		8				6		4	3
5		3		3	6				4	
					4		8	2		
3	3	3	6	6	6			8		4
1					6			8		

								5		
	4	6		2	2	3	3	3	4	
	5								8	
	3	4					8	8		
7		7					3			
		8	8	8				6	6	
4	4	8		8		3		3		2
7		5				5		7	7	7
				7	3		3	7	7	
			4	2			5			

				5						5
7		7		7						6
8							2	2		
	6		9	9	5				4	2
6	6		9	9	9		5	4	4	
8					9		9			
4		8				2			5	1
4		8	8		6		7	5		5
2		6				7	6			6
5										2

	4	3					4			
	4		5	5			5			7
				7			9	9	9	
		3	4	4		4		9		9
	5	6	6		6		9			
	5	6		8			8		6	
5						7		7	7	7
	3	6	6	6	5	5				
4						8				
	3			8				3		

			4	5		3	8			
	2	5			3			8		8
	7		7				6			6
	3	7		7	5	5		5		
4									6	6
5				8			5		5	
3	3	3			8	5			6	
			4		7					2
9		7		7			2	9		
				9				2		

2	4	4	3	5	5	2	2	4	2	2
2	4	4	3	3	5	5	5	4	4	4
4	8	8	8	8	8	8	8	8	2	2
4	4	4	5	5	5	5	5	7	7	7
9	9	2	2	6	6	6	7	7	7	7
9	9	6	6	6	7	7	4	4	4	4
9	9	7	7	7	7	3	3	3	2	2
2	9	7	4	4	4	4	2	2	3	3
2	9	9	6	3	3	3	5	5	3	2
6	6	6	6	6	2	2	5	5	5	2

2	2	4	3	5	5	4	4	2	2	1
4	4	4	3	3	5	4	4	3	3	3
7	7	7	4	4	5	5	1	5	5	4
7	3	7	4	4	3	3	3	5	5	4
7	3	3	8	8	8	8	2	2	5	4
7	2	2	8	8	8	8	3	3	3	4
6	6	6	2	2	5	5	5	5	5	6
6	6	6	3	3	3	6	6	6	6	6
3	3	3	8	8	8	8	8	8	8	8
2	2	5	5	5	5	5	4	4	4	4

3	3	3	5	5	5	3	5	5	2	2
2	2	4	3	5	5	3	3	5	5	5
4	4	4	3	3	9	9	9	9	9	2
6	6	6	5	5	5	5	5	9	9	2
4	4	6	6	6	8	8	6	6	9	9
4	4	2	2	8	8	6	6	6	2	2
2	2	8	8	8	8	6	4	4	3	3
6	6	6	6	6	6	9	4	4	3	5
8	8	8	8	9	9	9	9	5	5	5
8	8	8	8	9	9	9	9	5	2	2

2	2	4	4	4	4	6	6	6	9	9
3	3	3	7	6	6	6	9	9	9	9
5	2	2	7	7	9	9	9	6	6	6
5	5	5	5	7	7	6	6	6	2	2
3	3	8	8	8	7	7	1	5	5	3
5	3	8	8	8	8	8	5	5	5	3
5	5	6	3	3	2	2	1	2	2	3
5	5	6	3	5	5	9	9	9	9	5
2	6	6	5	5	5	9	9	5	5	5
2	6	6	4	4	4	4	9	9	9	5

4	4	6	6	2	2	3	4	4	2	2
4	4	6	6	6	6	3	3	4	4	3
7	7	7	7	7	2	2	5	5	3	3
7	7	2	2	3	3	3	5	6	2	2
5	5	5	5	2	2	5	5	6	6	1
5	2	2	3	3	3	7	7	6	6	6
3	3	3	4	4	7	7	4	4	4	4
1	2	2	4	4	7	7	7	6	6	6
4	4	5	5	5	5	5	6	6	5	5
4	4	2	2	3	3	3	6	5	5	5

4	4	4	4	6	8	8	8	8	8	8
6	6	6	6	6	9	9	9	9	9	8
2	2	3	3	3	9	9	5	2	2	8
6	6	6	6	6	9	9	5	5	5	5
6	8	8	8	8	6	6	6	3	3	3
8	8	3	3	3	6	6	6	2	2	5
8	8	6	6	4	4	4	4	3	3	5
3	3	3	6	6	2	2	5	5	3	5
8	8	8	8	6	5	5	5	3	5	5
8	8	8	8	6	2	2	3	3	2	2

			3	5		2		4	2	
2	4		3							
4	8		8		8		8		2	
							5	7	7	
	9		2			6	7			
9		6			7		4			4
						3				2
2		7		4	4		2	2		3
2			6		3					2
	6	6		6	2				5	

	2	4		5		4	4	2	2	1
			3			4				
			4	4				5	5	
	3		4	4	3					
	3				8			2	5	
7	2				8	8			3	4
	6		2				5		5	
6			3			6				6
3		3	8							
	2			5			4			

		3		5		3			2	
	2	4	3				3		5	
			3	3	9				9	2
	6		5					9		
	4	6								9
		2							2	
2	2			8	8	6	4		3	
6		6			6	9			3	
8				9		9				5
				9		9		5		2

	2	4						6		
	3		7	6						9
5	2									6
			5			6			2	
		8	8	8				5	5	
	3	8	8			8	5	5	5	3
	5		3	3			1			
	5		3			9			9	5
2	6		5		5	9				
2				4					9	

					2		4		2	
	4	6			6	3				
				7	2		5	5		3
7			2			3		6	2	2
	5		5	2		5			6	
5	2		3	3				6	6	6
				4				4		
1	2		4	4			7			
	4			5		5			5	
	4		2	3			6	5		

4					8				8	
6	6							9		
	2	3			9		5	2		8
	6	6				9			5	
				8		6		3		3
8		3		3	6	6			2	
			6		4					
		3			2		5		3	5
	8		8		5				5	
8	8	8	8	6		2	3			2

5	3	3	2	2	6	4	4	4	4	2
5	3	6	6	6	6	6	3	3	3	2
5	5	5	8	8	8	8	8	8	8	8
4	4	3	3	3	4	4	4	4	7	7
4	4	8	2	2	7	7	7	7	7	5
2	2	8	8	8	9	9	5	5	5	5
3	8	8	8	8	9	9	4	4	4	4
3	3	9	9	9	9	9	5	5	5	5
4	4	2	2	8	8	8	8	8	8	5
4	4	3	3	3	8	8	4	4	4	4

4	4	4	3	2	2	4	4	4	4	2
3	3	4	3	3	7	7	7	7	7	2
3	7	7	4	4	2	2	9	9	7	7
7	7	7	4	4	5	5	9	9	9	9
5	7	7	5	5	5	3	3	3	9	9
5	5	3	3	3	4	4	4	2	2	9
5	5	2	2	6	4	5	5	5	5	5
2	2	4	4	6	6	7	7	7	2	2
9	9	4	4	6	6	6	7	7	7	7
9	9	9	9	9	9	9	4	4	4	4

2	2	4	4	4	4	7	7	7	2	2
4	4	9	9	9	2	2	7	7	7	7
4	4	9	9	9	6	6	6	6	6	6
6	6	8	8	9	3	3	3	4	4	4
6	6	8	8	9	9	2	2	4	7	7
6	6	8	8	8	8	7	7	7	7	7
3	2	2	6	6	5	5	5	5	5	9
3	3	6	6	6	6	7	7	7	9	9
4	4	4	4	7	7	7	7	9	9	9
3	3	3	5	5	5	5	5	9	9	9

2	2	5	5	5	7	7	4	4	3	3
3	3	5	5	7	7	7	4	4	3	6
9	3	2	2	7	7	6	6	6	6	6
9	9	9	4	4	4	4	8	8	8	8
9	9	9	9	9	2	2	8	8	8	8
5	5	5	5	5	4	4	4	4	2	2
7	7	7	6	6	6	6	6	6	9	9
8	8	7	7	3	3	3	9	9	9	9
8	8	7	7	2	2	9	9	7	7	9
8	8	8	8	7	7	7	7	7	2	2

5	8	8	8	8	2	2	4	4	4	4
5	5	5	5	8	8	8	8	3	3	3
4	4	4	4	7	7	5	2	2	4	4
3	7	7	7	7	7	5	6	6	6	4
3	3	4	4	4	4	5	5	5	6	4
6	6	6	6	6	6	7	2	2	6	6
7	7	7	7	7	5	7	7	4	4	2
7	7	5	5	5	5	7	7	4	3	2
4	4	2	2	6	6	7	7	4	3	3
4	4	6	6	6	6	5	5	5	5	5

2	2	9	3	3	3	4	4	4	4	8
9	9	9	9	2	2	8	8	8	8	8
9	9	9	9	3	5	5	8	8	7	7
5	4	4	3	3	5	5	5	7	7	7
5	4	4	2	2	6	6	6	4	7	7
5	5	5	1	5	6	6	6	4	4	4
4	4	4	4	5	7	7	7	7	6	6
6	6	6	6	5	5	7	7	7	6	6
6	6	3	3	3	5	2	2	4	6	6
2	2	6	6	6	6	6	6	4	4	4

Puzzle 073-078

5		3	2			4		4		2
		6					3		3	
	5		8	8	8	8		8		
				3		4		4		
4				2	7					
2				8	9	9	5	5	5	5
3	8				9			4		
	3	9						5		
			2	8					8	5
	4		3			8			4	

				2					4	2
	3	4		3	7		7			
3			4		2					7
7			4	4						9
	7		5		5	3		3		
		3		3			4	2		9
	5		2	6				5		
	2	4	4		6	7	7	7	2	2
	9			6						
			9				4			4

2		4			4		7			2
4	4				2		7			7
4				9	6				6	
6		8	8		3		3			
		8	8			2	2	4	7	
		8			8			7		
	2					5			5	9
	3	6		6	6			7	9	
		4				7			9	
		3	5				5			

	2			5				4		3
3		5	5			7	4			6
	3	2		7		6				
		9			4			8		8
	9			9	2	2	8	8	8	
	5			5			4		2	
7								6	9	
8	8		7	3	3					
			7	2		9			7	
				7					2	2

	8				2					4
	5									3
4		4		7				2		
	7				7		6			4
3		4						5		
6								2	6	6
								4		
7	7	5		5	5	7				2
			2	6		7	7	4		3
	4								5	

2	2				3				4	8
					2					
	9	9			5	5		8		
5			3		5		5	7		
		4	2		6	6	6		7	7
		5	1		6	6	6		4	
4		4			7	7		7	6	6
6						7	7	7		
6	6		3			2		4	6	
2		6	6	6						

8	8	8	4	4	2	2	4	4	4	4
8	7	7	4	4	7	7	7	7	8	8
8	7	7	7	2	2	7	7	7	8	8
8	8	8	7	7	5	3	3	3	8	8
3	3	4	4	4	5	5	5	5	8	8
3	1	4	7	7	7	3	3	3	2	2
2	2	7	7	7	7	4	4	4	4	3
5	5	5	5	5	2	2	6	6	3	3
2	2	3	3	3	6	6	6	5	5	5
4	4	4	4	2	2	6	5	5	2	2

4	4	4	4	2	2	3	3	7	7	7
6	6	6	6	6	6	3	7	7	7	7
4	5	5	5	5	5	6	5	5	2	2
4	4	4	8	8	8	6	6	5	5	5
2	2	8	8	8	8	6	6	7	7	9
3	3	3	8	3	3	3	6	7	7	9
5	5	5	5	5	2	2	7	7	7	9
8	8	8	8	6	6	6	6	6	6	9
8	8	8	8	4	2	2	9	9	9	9
2	2	4	4	4	3	3	3	2	2	9

3	4	4	4	4	3	3	3	9	9	9
3	3	5	5	5	2	2	5	9	9	9
6	6	5	5	3	3	3	5	9	9	9
6	6	4	4	4	5	5	5	7	7	7
6	7	7	7	4	8	8	7	7	7	7
6	7	7	7	7	8	8	8	8	8	8
8	8	8	8	8	7	7	7	7	2	2
8	8	7	7	8	3	3	3	7	7	7
7	7	7	6	6	6	6	4	4	4	4
7	7	6	6	2	2	3	3	3	2	2

6	6	6	6	2	3	2	3	4	4	1
2	2	6	6	2	3	2	3	3	4	4
5	5	5	5	5	3	5	5	5	5	5
4	4	4	4	2	2	7	7	7	4	4
7	7	7	7	7	1	8	8	7	4	4
9	9	9	9	7	7	8	8	7	7	7
9	9	9	8	8	8	8	6	6	6	6
9	5	5	5	5	5	4	6	6	2	2
9	2	2	3	3	3	4	4	1	3	3
5	5	5	5	5	2	2	4	2	2	3

5	5	5	5	6	6	6	6	6	8	8
5	3	3	3	6	9	9	2	2	8	8
2	2	9	9	9	9	9	7	7	7	8
4	4	4	4	9	9	7	7	8	8	8
2	2	3	3	3	7	7	6	6	6	6
3	3	8	8	8	3	3	3	6	3	6
3	4	4	8	8	8	8	8	4	3	3
4	4	3	3	3	2	7	7	4	4	4
6	6	6	5	5	2	7	7	7	3	3
6	6	6	5	5	5	2	2	7	7	3

3	2	2	4	8	8	3	5	5	2	2
3	4	4	4	8	8	3	3	5	5	5
3	2	2	8	8	8	8	7	7	7	7
4	4	4	4	6	2	2	4	7	3	3
6	6	6	6	6	4	4	4	7	7	3
3	4	4	4	4	2	2	6	6	2	2
3	3	9	9	5	5	5	5	6	6	6
9	9	9	9	5	3	3	3	5	5	6
9	2	2	9	9	6	6	6	5	5	5
3	3	3	2	2	6	6	6	3	3	3

	8	8				2	4			4
8				4				7	8	
			7	2		7	7			8
		8		7	5	3				
				4						8
	1	4			7		3			2
	2	7			7	4			4	
	5			5	2			6	3	
2	2		3							5
			4		2				2	

			4		2					7
			6	6	6	3	7		7	
				5		6	5		2	
		4	8	8	8	6			5	
	2	8		8	8	6			7	
		3	8			3	6		7	
				5		2			7	
	8	8	8	6				6	6	
			8	4		2	9			
2	2				3			2		

		4	4	4	3					
	3					2				
	6		5	3				9	9	9
	6	4	4		5		5			
6	7			4	8				7	7
6										8
		8								2
8	8			8			3			7
										4
	7	6		2				3	2	

6					3		3	4		
2			6	2	3	2			4	4
5				5					5	5
	4							7		
7					1		8			4
	9		9	7			8			7
9			8			8	6			6
	5		5	5					2	2
		2	3		3			1		
		5		5		2		2		

			5					6		
			3	6	9			2		
	2			9	9	9			7	8
		4	4				7			
	2	3		3	7		6		6	6
	3					3	3		3	
		4					8	4		
				3						
	6		5	5	2				3	
			5				2		7	

3	2					3				2
	4			8		3	3			5
	2			8						7
4	4		4		2					3
				6	4			7	7	
3	4	4		4	2			6	2	
3										
			9	5	3	3	3			6
9	2					6		5	5	
	3		2					3		

3	5	5	5	5	5	7	7	6	2	2
3	3	7	7	7	7	7	6	6	3	3
2	2	5	5	5	5	5	6	6	6	3
7	7	7	7	7	7	6	4	4	4	4
7	8	8	8	8	6	6	3	3	3	2
8	8	8	8	2	6	6	2	2	9	2
6	6	6	6	2	6	3	3	3	9	9
4	4	4	6	6	5	5	5	5	5	9
4	2	2	4	4	3	3	3	9	9	9
3	3	3	4	4	2	2	9	9	2	2

3	4	4	4	4	5	5	4	4	4	4
3	3	8	8	8	5	6	6	3	3	3
8	8	8	8	8	5	5	6	6	6	6
4	4	3	3	3	4	4	4	4	2	2
4	4	5	5	7	7	7	7	7	7	7
5	5	5	8	8	6	6	6	6	6	6
3	3	3	8	8	8	8	8	8	2	2
6	6	6	6	6	6	2	2	5	9	9
4	4	4	4	7	7	5	5	5	5	9
7	7	7	7	7	9	9	9	9	9	9

6	6	6	5	3	3	3	5	5	5	5
6	6	6	5	5	2	2	5	4	4	4
9	9	9	9	5	5	3	3	4	6	6
9	3	3	3	2	2	3	6	6	6	6
9	9	9	9	5	5	5	3	3	3	4
3	3	3	2	2	5	5	7	4	4	4
2	2	7	7	7	2	2	7	7	7	7
7	7	7	6	6	4	4	4	4	7	7
7	3	3	3	6	6	5	5	5	2	2
4	4	4	4	6	6	5	5	3	3	3

2	2	5	5	5	3	6	6	6	3	1
7	7	7	5	5	3	3	6	6	3	3
7	7	7	7	3	1	2	3	6	4	4
8	8	8	8	3	3	2	3	3	4	4
8	8	8	8	2	2	9	9	9	3	3
7	7	7	7	8	8	8	8	9	9	3
7	7	7	8	8	8	8	9	9	9	9
2	2	9	9	9	6	6	6	6	6	7
4	4	9	9	9	9	6	7	2	2	7
4	4	9	9	3	3	3	7	7	7	7

4	4	7	7	7	7	7	7	7	4	4
4	4	3	3	3	5	3	3	3	4	4
2	2	5	5	5	5	6	6	6	6	6
5	3	3	3	9	9	9	9	9	9	6
5	5	5	5	3	9	9	9	4	4	2
7	7	7	7	3	3	6	6	4	4	2
7	7	7	4	4	4	4	6	6	6	6
4	4	2	7	7	7	5	5	5	5	5
4	4	2	7	7	7	7	3	3	4	4
2	2	5	5	5	5	5	3	4	4	1

5	5	5	5	4	4	4	4	7	2	2
5	4	4	2	2	7	7	7	7	7	7
4	4	8	8	3	2	2	4	4	4	4
8	8	8	8	3	3	5	5	5	5	5
8	8	7	7	7	2	2	3	3	3	2
4	4	7	7	6	6	4	4	4	4	2
4	4	7	7	6	6	6	6	3	3	3
3	3	3	4	7	7	7	7	7	7	7
5	4	4	4	5	5	5	5	5	3	3
5	5	5	5	2	2	4	4	4	4	3

Puzzle 085-090

3					5		7			2
							6		3	3
2		5	5	5		5		6		
					7		4			4
7	8	8			6		3	3		
			8	2		6	2			2
6	6	6		2			3		9	
	4		6						5	
	2	2	4		3		3		9	
		3	4		2					2

3	4			4						4
						6				3
8			8	8	5					6
			3		4					2
	4		5	7						7
		5		8	6					
		3							2	
			6		6		2	5	9	
			4		7	5				
					9					

	6		5		3		5			
		6	5		2					4
			9					4		
			3		2	3	6			
			9	5			3			
3				2			7	4		
2					2					
		7	6		4					
7			3	6	6	5			2	2
			4	6					3	

2					3	6			3	
7		7	5		3		6		3	3
7			7	3	1		3			
8		8	8						4	
				2	2	9			3	
7	7		7	8			8		9	
7							9	9		9
2			9	9	6				6	7
4		9							2	
		9		3		3				

4			7						4	
	4			3	5	3		3		4
	2	5	5							
		3	3						9	6
5			5	3	9	9			4	
			7			6	6		4	2
7			4			4				6
4		2				5				5
		2		7	7				4	4
	2					5	3	4		

			5		4					2
5	4			2	7		7			7
		8				2	4			
8			8		3	5				5
8	8	7			2		3		3	2
4		7	7	6			4		4	
		7			6		6			3
3	3							7		
5	4							5		
					2				4	3

4	4	4	4	5	5	5	5	3	3	3
6	6	6	6	5	7	7	7	7	7	8
6	6	2	2	6	6	7	7	8	8	8
4	4	4	4	6	6	6	6	8	2	2
3	3	3	5	5	5	5	5	8	8	8
6	6	6	6	7	7	7	7	5	5	5
6	6	4	4	7	3	3	3	4	5	5
4	5	4	4	7	7	6	6	4	4	4
4	5	5	5	5	2	2	6	6	6	6
4	4	2	2	3	3	3	4	4	4	4

6	6	6	5	5	2	2	7	7	7	7
6	6	6	5	5	5	4	4	7	7	7
8	8	8	8	7	7	4	4	3	3	3
8	8	8	8	7	8	8	8	8	8	8
4	4	2	2	7	5	5	8	8	2	2
4	4	7	7	7	5	5	5	7	7	7
5	5	5	2	2	3	3	7	7	7	7
2	2	5	5	4	3	5	5	5	5	5
8	8	8	8	4	6	6	3	3	3	2
8	8	8	8	4	4	6	6	6	6	2

9	9	9	9	9	6	6	6	6	6	2
9	9	9	9	1	4	4	4	4	6	2
3	3	3	4	4	9	2	2	3	3	3
2	2	4	4	9	9	9	9	2	2	1
3	3	3	5	2	2	9	6	5	5	5
5	5	5	5	9	9	9	6	4	4	5
4	4	4	4	6	6	6	6	4	4	5
8	8	8	8	5	5	5	8	8	8	8
8	8	8	8	3	5	5	8	8	8	8
4	4	4	4	3	3	1	4	4	4	4

8	8	8	8	6	6	6	6	8	8	8
3	3	8	8	6	6	8	8	8	8	8
1	3	8	8	5	3	3	3	6	6	6
4	4	4	4	5	5	2	2	6	6	6
7	7	7	7	5	5	7	7	7	4	4
7	7	7	2	2	7	7	7	7	4	4
4	4	4	4	6	6	2	2	3	3	3
9	9	9	9	6	9	9	9	2	2	1
9	9	6	6	6	9	9	9	9	9	9
9	9	9	2	2	6	6	6	6	6	6

2	2	9	9	9	9	9	9	9	2	2
3	3	3	5	2	2	9	9	3	3	3
5	5	5	5	7	7	7	7	7	7	2
3	3	3	6	6	6	6	7	4	4	2
5	5	5	6	6	3	3	3	4	4	6
2	2	5	5	2	2	6	6	6	6	6
4	4	2	2	4	4	3	3	3	4	4
4	4	6	6	3	4	4	2	2	4	4
6	6	6	6	3	3	9	9	9	9	9
4	4	4	4	2	2	1	9	9	9	9

2	2	4	4	4	4	5	5	2	2	3
5	5	5	3	3	3	5	5	5	3	3
2	2	5	5	2	2	3	3	3	4	4
7	7	7	7	7	7	7	6	6	6	4
9	9	9	9	3	3	3	6	2	2	4
9	3	3	3	1	2	2	6	3	3	3
9	9	2	2	7	7	7	6	5	5	5
9	9	6	6	6	6	7	7	7	7	5
5	5	5	5	6	6	8	8	2	2	5
1	5	8	8	8	8	8	8	3	3	3

4			4				5		3	
									7	
6	6	2			6		7	8		
	4						6		2	2
3		3					5			8
			6				7		5	
6	6						3	4		
	5	4			7					4
						2				6
	4	2				3		4		

		6				2				
6	6	6	5			4	4		7	7
			8		7	4				3
8					8					8
4		2	2		5		8			2
	4	7						7		7
				2		3	7			
2	2	5	5	4	3	5				5
			8		6				3	
									6	2

9	9	9	9	9		6				2
9	9	9	9		4	4		4		
3			4	4	9	2				
	2								2	1
3	3	3			2	9				
	5			9	9				4	
4		4	4	6				4	4	5
				5		5				
8	8	8		3	5	5	8			
4							4		4	4

			8	6		6		8		
3	3	8				8		8	8	8
	3						3			
			4	5		2	2		6	6
	7		7		5					
	7	7	2				7	7	4	4
			4		6		2	3		3
			9		9	9	9			1
					9	9	9	9		9
			2					6		

	2	9								2
3				2				3		
5				7					7	2
3			6						4	
5				6	3			4	4	
2			5	2			6			
4		2				3		3	4	
	4	6		3	4		2			4
				3	3			9		9
4	4		4			1				

	2				4				2	3
					3	5				
	2		5		2		3			
		7				7	6		6	
9	9	9	9	3		3			2	4
9				1				3		3
9	9	2	2	7			6	5		
9	9				6	7			7	
5			5	6					2	
	5			8					3	

2	2	3	2	2	3	3	3	4	4	5
9	3	3	5	5	5	5	5	4	4	5
9	9	9	4	4	3	3	3	5	5	5
9	9	6	4	4	7	7	7	7	7	7
9	9	6	6	6	6	6	3	4	4	7
9	2	2	4	4	2	2	3	3	4	4
4	3	3	3	4	4	7	7	7	7	7
4	4	4	6	3	3	6	6	6	7	7
6	6	6	6	3	6	6	6	4	4	4
2	2	6	2	2	3	3	3	2	2	4

4	4	9	9	9	9	2	2	6	4	4
4	4	5	5	9	9	9	6	6	4	4
3	3	3	5	5	5	9	9	6	6	6
4	4	4	2	2	4	4	4	4	2	2
4	3	3	3	6	6	6	6	6	3	1
7	7	7	7	6	4	4	4	4	3	3
7	7	7	2	2	7	7	7	7	2	2
4	4	4	7	7	7	6	6	4	4	3
4	3	3	4	4	6	6	6	4	4	3
2	2	3	4	4	2	2	6	2	2	3

4	3	3	3	1	2	2	4	4	4	4
4	4	4	2	2	5	5	5	3	3	3
8	8	8	8	3	4	4	5	5	2	2
8	8	8	3	3	7	4	4	6	6	9
8	6	6	6	6	7	7	6	6	9	9
6	6	4	4	4	7	7	6	6	9	9
4	4	7	7	4	7	7	2	2	9	9
4	4	7	7	7	2	2	7	7	9	9
2	2	7	7	6	5	5	7	7	7	7
6	6	6	6	6	5	5	5	2	2	7

7	7	7	2	2	4	4	4	8	8	8
7	7	9	9	9	4	5	8	8	8	8
7	7	9	9	9	5	5	8	4	4	4
9	9	9	3	3	3	5	5	6	6	4
5	5	5	4	4	6	6	6	6	9	9
5	5	4	4	5	5	5	5	5	9	9
8	8	8	8	3	3	6	6	9	9	9
4	8	8	8	8	3	6	6	6	6	9
4	3	3	3	4	4	4	4	2	2	9
4	4	6	6	6	6	6	6	3	3	3

9	9	9	9	3	3	4	4	4	4	3
9	9	9	9	3	2	2	5	5	3	3
3	3	3	9	4	4	4	4	5	5	5
4	4	4	2	2	6	6	6	3	3	3
4	8	8	8	6	6	6	5	5	5	5
8	8	8	8	4	4	4	3	3	3	5
8	3	3	3	4	6	6	4	4	4	4
2	2	6	6	6	6	2	2	8	8	8
9	9	9	9	9	9	5	3	3	3	8
9	9	9	5	5	5	5	8	8	8	8

5	5	5	5	5	3	3	7	7	2	2
3	3	3	2	2	3	7	7	7	7	7
2	2	6	6	5	5	5	5	5	2	2
9	9	6	6	6	6	2	2	3	3	3
9	9	9	9	9	9	9	7	2	2	5
2	3	3	3	7	7	7	7	5	5	5
2	4	4	7	7	3	2	2	5	2	2
4	4	5	5	5	3	3	8	8	8	3
7	7	7	7	5	5	8	8	8	8	3
7	7	7	4	4	4	4	8	2	2	3

Puzzle 097-102

	2			2			3		4	
	3		5				5		4	5
9		9	4			3				
	9	6		4	7					
						6			4	7
		2	4			2	3	3		4
4	3	3							7	
				3		6		6		
6				3				4	4	4
2				2	3			2		

		9			9	2		6	4	
4		5		9						
3							9			6
			2					4		2
4	3			6		6				1
	7			6		4		4		
7	7			2	7			7	2	2
4			7	7	7					
	3							4	4	
	2	3		4		2	6		2	3

4				1						4
4	4	4			5				3	
8	8			3		4		5	2	
	8		3				4		6	
8						7				
6		4			7	7		6	9	
		7	7		7		2	2		
	4	7		7		2		7	9	
2	2			6		5				
			6				5	2		

			2	2						
7	7	9			4					8
					5		8	4		
9			3	3			5		6	4
	5			4						9
		4						5		9
8			8	3	3	6	6	9		
	8	8					6		6	
4	3					4			2	
		6					6			3

									4	3
		9		3		2				
3		3	9				4	5	5	
	4			2	6		6		3	
	8	8						5	5	
		8		4	4	4		3	3	5
8	3						4			
	2	6	6				2	8	8	
	9				9				3	8
		9			5			8		8

				5	3		7			2
		3		2		7		7		
	2	6	6		5				2	
	9	6	6		6	2			3	
9					9			2		
2	3			7				5		
		4			3	2		5		2
	4	5		5			8	8		
	7		7		5			8	8	3
7		7		4			8	2		

6	4	4	4	7	7	7	7	7	7	7
6	6	6	4	3	3	3	4	4	5	5
8	8	6	6	2	2	4	4	5	5	5
8	8	4	4	4	4	5	5	2	2	3
8	8	8	8	3	3	3	5	5	5	3
3	3	3	1	8	8	8	8	8	8	3
4	4	4	4	5	5	5	5	5	8	8
6	6	6	6	4	4	4	4	3	3	3
6	6	3	3	3	6	6	6	6	6	4
2	2	5	5	5	5	5	6	4	4	4

5	5	5	5	5	7	7	5	5	2	2
9	9	7	7	7	7	7	5	5	5	3
9	9	9	3	3	3	4	4	4	4	3
2	2	9	9	9	9	7	7	7	7	3
4	4	4	4	5	5	7	3	7	7	4
8	2	2	5	5	5	3	3	4	4	4
8	8	8	6	6	6	5	5	5	7	7
8	2	2	6	6	5	5	3	3	3	7
8	3	3	3	6	2	2	7	7	7	7
8	8	9	9	9	9	9	9	9	9	9

9	9	9	9	9	2	2	8	8	8	8
2	2	9	9	9	9	8	8	2	2	4
6	6	6	6	6	8	8	5	5	5	4
4	3	3	3	6	2	2	5	5	4	4
4	4	4	2	2	3	3	3	9	9	9
2	2	3	3	3	8	8	8	9	9	9
7	7	1	8	8	8	8	8	9	9	9
7	7	7	7	7	6	6	6	6	6	6
5	5	5	5	5	7	7	7	4	4	2
4	4	4	4	7	7	7	7	4	4	2

2	2	6	6	6	8	8	8	8	7	7
9	9	2	2	6	6	6	8	8	7	7
9	9	9	9	9	9	8	8	7	7	7
6	6	6	4	6	9	3	5	5	5	5
6	6	6	4	6	6	3	3	2	2	5
3	3	3	4	4	6	6	6	7	7	7
6	6	6	6	6	7	7	7	7	4	4
7	7	7	7	6	9	9	9	9	4	4
7	7	7	3	3	3	9	9	9	9	9
3	3	3	2	2	4	4	4	4	2	2

3	3	3	7	7	7	7	7	2	2	4
2	2	4	4	4	4	7	7	4	4	4
5	5	5	5	5	8	8	5	5	2	2
9	9	9	9	8	8	5	5	5	3	3
9	3	3	3	8	7	7	7	4	4	3
9	9	8	8	8	2	2	7	4	4	1
9	9	6	6	6	7	7	7	3	3	3
2	2	6	6	6	5	5	5	4	4	1
4	4	4	9	9	9	9	5	5	4	4
2	2	4	9	9	9	9	9	3	3	3

2	3	3	3	4	4	4	4	6	6	6
2	5	5	5	5	5	8	6	6	6	3
8	8	8	8	8	8	8	2	2	3	3
2	2	5	5	2	2	3	3	3	2	2
5	5	5	3	3	3	2	2	4	4	1
9	9	4	4	2	2	3	3	3	4	4
9	5	5	4	4	1	2	2	5	5	5
9	9	5	3	3	3	4	4	4	5	5
9	9	5	5	4	4	2	2	4	7	7
9	9	2	2	4	4	7	7	7	7	7

	4				7		7	7		7
	6		4	3		3	4		5	
		6		2				5		
8	8				4	5		2		
8			8			3			5	3
3								8		
4			4		5	5		5		8
				4				3		
6	6	3			6					4
	2	5						4		

5	5		5	5			5		2	
			7				5			
9	9		3			4				
2				9						3
4				5	5	7		7	7	
8	2			5		3			4	
		8	6			5				
	2	2			5		3			
			3		2		7			
				9				9		

9					2				8	
2		9					8	2		
6				6	8					
4	3					2		5	4	4
				2	3		3			
2					8		8			
7	7	1	8	8	8	8	8			9
					6					6
5						7		4		2
4				7				4		2

2		6								7
9		2			6	6		8	7	
9		9			9			7		7
	6		4		9	3				5
	6	6		6			3	2		
		3		4				7		7
					7	7	7		4	
	7		7	6						4
					3					9
3		3		2		4		4		2

	3						7		2	4
	2	4			4					
5						8		5	2	2
9	9		9			5	5			
			3		7			4		
9		8		8	2	2		4		1
		6						3		3
2	2							4		
4			9	9		9	5		4	4
2							9	3		

			3	4						
2		5		5		8		6		3
8								2	3	
	2			2				3		
5			3		3		2			1
		4				3				4
	5		4				2			
9		5	3		3			4	5	
			5			2	2		7	7
		2	2		4					

7	7	2	2	4	4	4	4	7	7	7
7	7	7	7	7	2	2	7	7	7	7
4	4	4	4	5	5	5	8	8	8	8
3	3	3	5	5	8	8	8	8	2	2
4	4	5	4	4	4	4	2	2	4	4
4	4	5	5	5	5	8	8	8	4	4
2	2	3	3	3	8	8	8	8	6	6
5	5	5	5	5	8	6	6	6	6	7
7	7	7	7	7	4	4	4	7	7	7
3	3	3	7	7	2	2	4	7	7	7

3	3	3	2	2	4	3	2	2	4	4
1	2	2	4	4	4	3	3	4	4	5
3	3	3	6	6	2	2	5	5	5	5
7	7	7	6	6	6	6	4	4	4	4
4	4	7	4	4	4	4	9	9	9	9
4	4	7	7	7	2	2	9	9	9	9
3	3	3	4	4	4	4	3	9	4	4
5	5	5	8	8	8	8	3	3	4	4
5	2	2	8	8	8	8	6	6	2	2
5	3	3	3	6	6	6	6	3	3	3

3	3	3	8	4	4	4	4	3	3	3
6	6	6	8	8	8	8	8	8	4	4
6	6	6	9	9	9	8	2	2	4	4
9	9	9	9	5	4	4	4	4	2	2
2	2	9	9	5	5	5	5	6	4	4
6	6	6	4	4	3	3	6	6	4	4
6	6	6	4	4	3	1	5	6	6	6
4	4	3	3	3	4	4	5	5	5	5
4	4	2	2	4	4	9	9	9	9	9
2	2	3	3	3	9	9	9	9	2	2

7	2	2	7	7	4	4	4	4	3	3
7	7	7	7	5	5	5	6	6	6	3
8	8	8	8	5	5	2	2	6	4	4
8	8	4	4	2	2	5	6	6	4	4
8	8	4	4	3	3	5	5	9	9	9
3	3	3	6	6	3	5	5	9	9	1
4	4	4	4	6	6	6	6	9	9	9
6	6	6	6	3	3	3	5	2	2	9
3	3	3	6	6	4	4	5	4	4	4
5	5	5	5	5	4	4	5	5	5	4

3	3	3	1	4	4	4	4	3	3	1
5	5	5	5	5	8	8	8	3	2	2
6	6	3	3	3	8	8	8	8	5	5
6	6	4	4	4	8	3	3	3	5	5
6	6	4	3	3	3	8	8	2	2	5
7	7	7	6	6	8	8	8	8	8	8
7	5	5	6	6	6	6	2	2	4	4
7	5	5	4	4	3	5	5	4	4	2
7	7	5	4	4	3	3	5	5	5	2
2	2	3	3	3	2	2	1	2	2	1

5	5	5	5	5	6	4	4	3	2	2
4	4	6	6	6	6	4	4	3	3	8
4	4	6	4	4	8	8	8	8	8	8
7	7	7	4	4	8	9	9	9	9	9
7	7	7	7	9	9	9	9	3	3	3
2	2	3	3	3	2	2	4	4	4	4
5	5	5	5	5	4	4	8	3	3	3
8	8	8	8	4	4	8	8	2	2	8
8	8	8	3	3	3	9	8	8	8	8
8	2	2	9	9	9	9	9	9	9	9

			2		4			7	7	
			7		2	2	7	7		7
			4			5	8			8
		3			8					2
	4	5				4	2	2	4	4
					5	8				
2	2	3								6
5		5		5		6		6	6	
						4	4			7
		3	7			2	4			

			2				2			4
1	2	2	4				3	4	4	
				6	2					5
7	7		6			6				4
	4	7		4				9	9	9
				7	2	2	9			
3		3				4	3		4	4
		5		8	8	8				
		2				8	6		2	2
			3	6					3	

		3	8		4			3		
	6	6	8		8	8			4	
6				9			2	2		
9				5	4				2	2
	2	9			5			6		
	6				3	3				4
	6	6	4		3					6
	4		3			4	5			5
4			2	4						
2			3					9	2	

		2			4			4		3
		7				5			6	
			8	5		2			4	
8	8				2					
8	8	4				5		9	9	9
3				6	3	5		9	9	
4						6		9	9	
6					3	3			2	9
	3			6		4				4
5				5	4				5	

3				4		4	4			1
5				5		8	8			2
				3	8	8	8	8	5	5
	6		4					3	5	
6			3	3			8	2		
	7	7	6	6					8	
7						6		2	4	4
				4	3	5		4		
	7	5							5	
	2			3			1			1

5					6			3	2	
4	4	6				4		3		
4				4	8			8		
7		7			8					9
7			7	9						3
2		3				2				4
5						4				3
	8			4		8	8		2	8
8			3					8		
	2	2	9							

4	4	4	2	2	4	4	4	8	8	8
4	3	3	3	4	2	2	4	8	8	8
6	6	6	6	4	4	4	8	8	4	4
6	2	2	6	2	2	7	7	7	4	4
3	3	3	4	4	3	3	3	7	7	7
6	6	6	4	4	5	5	5	5	7	2
6	6	6	2	2	3	3	3	5	3	2
9	9	9	9	9	4	4	4	4	3	3
9	9	9	9	6	6	6	6	2	2	1
4	4	4	4	6	6	2	2	3	3	3

6	6	2	2	1	3	3	3	6	6	6
6	6	6	6	5	4	4	6	6	6	3
4	4	4	4	5	3	4	4	5	3	3
2	2	5	5	5	3	3	5	5	5	5
4	4	6	6	6	6	2	2	8	8	8
4	4	6	6	2	2	8	8	8	8	8
7	7	7	7	7	7	6	6	6	4	4
2	7	9	9	9	6	6	6	7	4	4
2	9	9	6	9	9	9	9	7	7	7
3	3	3	6	6	6	6	6	7	7	7

5	5	5	5	5	4	4	4	6	6	6
4	4	3	3	3	5	5	4	6	8	8
4	4	2	2	5	5	5	6	6	8	8
5	5	5	4	4	3	3	3	8	8	8
5	5	9	4	4	6	6	6	6	6	8
9	9	9	3	3	3	6	2	2	4	4
9	9	9	9	9	2	2	4	5	4	4
2	2	7	7	7	4	4	4	5	2	2
8	8	7	7	7	7	3	3	5	5	5
8	8	8	8	8	8	3	1	3	3	3

3	3	3	9	9	9	4	4	4	4	6
2	2	9	9	9	9	6	6	6	6	6
8	4	4	9	9	6	4	4	3	3	3
8	4	4	2	2	6	6	4	4	2	2
8	8	8	6	6	6	9	9	9	9	9
8	8	8	5	5	5	5	5	9	9	9
6	6	6	4	4	4	4	2	2	9	2
3	3	6	6	6	2	2	3	3	3	2
3	9	9	9	9	9	8	8	8	8	8
2	2	9	9	9	9	8	8	8	2	2

7	7	7	4	4	4	4	5	2	2	4
7	7	7	3	5	5	5	5	6	6	4
7	2	2	3	3	6	6	6	6	4	4
9	9	9	9	9	2	2	5	5	2	2
9	9	9	9	4	4	4	4	5	5	5
4	4	7	7	5	5	7	7	7	7	7
4	4	7	7	5	3	7	7	5	5	2
7	7	7	5	5	3	3	5	5	5	2
2	2	6	6	6	6	6	6	4	4	4
8	8	8	8	8	8	8	8	2	2	4

8	8	8	8	8	8	8	8	4	4	4
5	5	5	5	4	4	4	4	2	2	4
3	3	3	5	6	6	6	6	6	6	8
7	7	7	7	4	4	4	4	8	8	8
7	3	4	7	7	9	9	8	8	8	8
3	3	4	4	4	9	5	5	3	3	3
5	9	9	9	9	9	5	5	5	2	2
5	5	5	5	9	6	6	6	6	6	6
9	9	9	9	7	7	7	7	4	2	2
9	9	9	9	9	7	7	7	4	4	4

4				2				8	8	8
	3			4		2	4	8		8
							8			4
6	2			2		7			4	4
3	3	3				3				
				4	5					2
6	6	6	2	2	3					2
					4					
	9	9	9	6				2		
			4	6			2	3		

6	6			1			3	6		
6	6	6	6							3
4						4		5	3	
2	2	5				3	5			5
		6					2	8		
4		6			2	8	8			8
7					7	6				4
2		9			6		6	7	4	
2	9		6						7	
	3									

		5		5						6
	4	3			5		4	6		8
4	4		2	5		5	6			
				4			3		8	
5	5	9	4	4		6			6	
9	9		3				2			
9						2			4	
2		7	7	7		4			2	2
8	8				7				5	
					8	3		3		3

3									4	6
2							6			
	4		9		6	4		3		
	4	4	2			6			2	2
	8		6					9		
			5				5			
6			4			4	2		9	
				6		2			3	2
3	9				9					8
2			9		9					2

			4			4		2	2	
			3				5	6		
7	2	2							4	4
9				9		2	5			2
9	9		9	4		4				5
	4	7	7	5		7				7
			7		3	7	7			2
7								5		2
	2	6						4		
8								2		

				8				4		
				4				2		
		3	5	6			6			
			7	4				8		
	3			7			8		8	
3	3		4		9		5	3		
	9	9	9		9	5		5	2	
		5		9		6				
9	9		9		7	7	7	4	2	
9	9	9		9						4

Lösungen - Solutions: Puzzle 121-126

4	4	6	6	6	5	5	5	5	5	8
4	4	6	6	8	8	8	8	8	8	8
3	3	3	6	2	2	9	9	9	9	3
4	4	7	7	7	6	3	3	3	9	3
4	4	7	7	7	6	9	9	9	9	3
2	2	7	4	4	6	5	5	5	5	5
9	9	9	4	4	6	6	6	3	3	3
9	9	7	2	2	3	5	5	5	2	2
9	9	7	7	3	3	5	5	4	4	4
9	9	7	7	7	7	2	2	4	2	2

2	2	3	3	3	1	2	2	3	3	3
7	4	4	2	2	5	5	8	8	2	2
7	4	4	7	5	5	5	8	8	8	8
7	7	7	7	2	2	6	6	6	8	8
9	9	9	9	9	6	6	6	5	5	5
9	9	9	9	3	2	2	5	5	2	2
4	4	4	4	3	3	6	6	6	4	4
1	3	3	3	2	2	6	6	6	4	4
4	4	7	7	7	7	7	5	5	5	5
4	4	3	3	3	7	7	5	3	3	3

3	3	3	2	2	7	7	7	7	7	7
2	2	6	6	4	4	4	4	3	3	7
7	7	6	6	6	6	2	2	3	2	2
2	7	7	7	7	7	6	6	6	6	6
2	4	4	4	4	6	4	4	4	4	6
5	5	5	5	5	6	6	6	6	6	2
4	4	4	4	8	8	8	8	8	8	2
2	2	7	7	7	7	7	6	6	8	3
4	4	7	7	4	4	3	6	6	8	3
4	4	2	2	4	4	3	3	6	6	3

4	4	2	2	8	8	8	8	3	3	3
2	4	4	7	7	7	8	8	8	8	7
2	5	5	7	7	7	7	3	3	3	7
6	6	5	5	5	8	8	8	8	7	7
6	3	3	3	8	8	8	8	7	7	7
6	6	6	9	9	9	9	9	9	4	4
4	4	4	4	8	8	5	9	9	4	4
8	8	8	8	8	8	5	9	3	3	3
2	2	7	7	7	7	5	5	5	2	2
7	7	7	1	4	4	4	4	3	3	3

8	8	6	6	7	6	6	6	6	6	6
8	8	6	6	7	7	4	4	4	4	3
8	6	6	7	7	2	7	2	2	3	3
8	8	8	7	7	2	7	7	7	2	2
3	3	3	1	4	4	4	4	7	7	7
4	4	6	6	6	6	5	5	5	5	5
4	4	7	7	7	6	6	9	4	4	1
2	2	8	7	7	7	7	9	9	4	4
8	8	8	4	4	3	3	9	9	2	2
8	8	8	8	4	4	3	9	9	9	9

5	5	5	5	5	2	2	7	7	4	4
7	7	7	7	3	3	3	7	7	4	4
7	7	7	5	5	5	5	5	7	7	7
5	5	5	4	4	4	4	9	9	4	4
2	5	5	7	7	7	9	9	9	9	4
2	6	6	8	8	7	7	9	9	9	4
6	6	6	6	8	8	7	7	3	3	3
2	2	8	8	8	8	2	2	7	7	7
3	3	3	6	6	6	6	7	7	7	7
2	2	6	6	3	3	3	4	4	4	4

Puzzle 121-126

4		6		6				5		8
4		6							8	
3		3			2	9	9	9	9	3
				7	6			3		
	4						9	9		
	2	7	4	4				5	5	
		9				6	6		3	
	9		2	2		5			2	
	9		7	3		5		4		
	9					2				2

2					1				3	
7			2	2		5		8	2	
7		4	7	5		5	8			8
7				2						8
		9			6		6			5
			9	3	2		5	5		2
4	4		4			6		6		4
			3	2				6		
			7		7				5	5
4		3		3		7	5		3	

3				2	7					
	2	6		4				3		
7			6			2	2		2	2
		7			7					
2	4				6	4	4			6
5									6	
4				8						2
	2	7	7			7				
	4	7			4	3	6	6	8	3
	4	2			4					

	4	2		8	8			3		
		4				8				
2		5	7				3			
	6				8	8				
	3		3	8		8	8	7		7
						9				
4	4		4		8	5		9	4	
				8			9	3	3	
	2	7			7					2
7							4	3		

				7	6					
8	8				7	4				
	6		7		2		2		3	
		8	7	7		7		7	2	
3		3					4		7	
	4	6				5		5		
4				7		6		4		
2						7	9		4	4
8								9	2	
			8		4	3	9			

				5	2		7	7		4
	7	7				3	7		4	
7	7					5		7		
5						4	9	9	4	
	5		7	7		9			9	
2	6	6	8	8		7	9			
							7	3	3	3
2		8		8	8		2			
3						6			7	7
2					3					4

1	2	2	7	7	7	2	2	9	9	9
3	3	3	7	7	7	3	3	3	9	9
4	4	4	4	7	2	2	9	9	9	9
5	5	5	5	5	6	6	6	6	6	6
4	4	7	7	7	7	7	7	7	3	3
4	4	5	5	6	6	6	6	6	6	3
5	5	5	3	3	9	9	9	9	4	4
4	4	4	4	3	9	6	6	6	4	4
3	3	9	9	9	9	6	6	6	3	2
3	7	7	7	7	7	7	7	3	3	2

3	5	5	4	4	4	4	2	2	4	4
3	3	5	5	5	2	2	3	3	3	4
4	4	4	4	6	6	6	6	6	6	4
6	6	6	6	9	9	9	9	3	3	3
6	6	2	2	5	5	9	9	9	9	9
2	2	3	3	3	5	5	5	3	3	3
4	4	4	4	8	8	8	8	6	6	6
7	7	7	7	3	3	8	8	4	4	6
2	2	7	7	7	3	8	8	4	4	6
3	3	3	5	5	5	5	5	2	2	6

9	9	9	9	9	2	2	6	6	2	2
4	4	4	4	9	9	9	9	6	6	6
3	3	3	8	8	8	8	8	8	8	6
7	7	7	3	3	2	2	8	9	9	9
7	5	5	3	4	4	4	4	9	9	9
7	5	5	5	2	2	6	6	9	9	9
7	7	2	2	5	5	6	6	6	6	4
2	2	3	3	3	5	5	5	4	4	4
5	5	5	5	2	2	8	8	8	8	2
2	2	5	3	3	3	8	8	8	8	2

3	3	3	7	7	7	7	8	8	8	8
6	6	4	4	2	2	7	7	7	8	8
6	6	4	4	5	5	3	3	3	8	8
6	3	3	3	5	5	5	7	7	7	7
6	4	4	4	4	3	3	3	7	7	7
9	9	9	9	9	2	2	5	5	5	5
9	9	9	3	3	3	4	4	4	4	5
7	7	9	5	5	5	5	5	3	3	3
7	7	7	7	7	3	3	3	6	6	6
8	8	8	8	8	8	8	8	6	6	6

2	2	1	4	4	4	4	2	3	3	3
3	3	3	5	5	5	9	2	4	4	4
2	2	5	7	5	5	9	9	9	9	4
1	5	5	7	7	7	7	9	9	9	9
5	5	6	6	6	7	7	4	4	4	4
2	2	4	4	6	6	3	3	3	2	2
3	3	3	4	4	6	5	5	5	5	5
9	9	5	5	5	4	4	4	4	3	3
9	9	5	5	7	7	7	7	7	3	5
9	9	9	9	9	7	7	5	5	5	5

7	7	7	5	5	8	8	8	8	8	8
7	5	5	5	6	6	6	6	6	8	8
7	7	7	4	4	4	4	6	4	4	2
5	9	9	5	5	5	5	5	4	4	2
5	9	9	9	9	9	2	2	3	3	3
5	5	5	7	9	9	3	3	5	2	2
7	7	7	7	7	7	3	5	5	5	5
4	4	4	4	2	2	7	7	7	7	7
5	5	5	5	5	3	7	7	4	4	2
4	4	4	4	3	3	2	2	4	4	2

1	2		7		7	2		9		
			7		7		3			
4	4		4	7		2	9		9	
			5			6				6
			7					7		
4	4								6	3
5		5	3		9	9	9			4
			4	3		6	6			
	3			9		6	6		3	2
		7					7	3		

		5		4			2			
	3			5	2		3			4
			4	6						
			6	9				3		3
			2			9	9			
	2			3			5	3		
			4	8			8	6		
7			7		3	8		4		
2				7		8		4		6
3						5		2		

9					2		6		2	
		4								
3	3	3	8						8	
	7			3	2				9	
	5	5		4						9
	5			2		6		9	9	
		2		5		6				
	2	3		3			5	4		
	5				2			8		
2					3				8	2

		3		7			8			
6	6	4	4	2					8	
			4	5		3		3		8
			3			5	7			7
	4			4		3				
	9		9			2	5		5	5
	9	9	3			4				
	7	9	5					3		
					3				6	
8										

		1	4			4				3
3	3						2			
		5		5	5				9	4
1		5				7	9			9
5		6		6			4			4
	2	4			6			3	2	
3		3								5
		5						4		3
9		5	5	7				7	3	
					7	7				5

	7			5						
	5		5					6	8	
						4			4	2
	9						5	4	4	
5	9				9	2				3
				9	9	3			2	2
7					7		5			
	4				2	7				
5				5		7	7	4		
			4		3	2			4	2

2	2	8	8	8	8	8	6	6	2	2
7	7	7	7	8	8	8	6	5	5	5
4	4	7	7	7	6	6	6	5	5	2
4	4	8	8	8	8	8	8	8	8	2
7	7	7	7	7	5	5	5	3	3	4
3	3	3	7	7	4	4	5	5	3	4
6	6	6	6	6	6	4	4	3	4	4
2	2	9	2	2	7	7	7	3	3	8
9	9	9	9	7	7	7	7	8	8	8
3	3	3	9	9	9	9	8	8	8	8

8	8	8	8	3	9	3	3	3	5	5
8	8	8	3	3	9	9	2	2	5	5
8	7	7	7	9	9	9	3	3	3	5
7	7	7	7	6	6	9	9	9	2	2
4	4	3	3	6	6	6	6	4	4	4
4	4	3	5	5	5	5	5	4	7	7
9	9	9	9	2	2	4	7	7	7	9
9	9	9	9	9	4	4	4	7	7	9
8	8	8	8	4	3	3	3	9	9	9
8	8	8	8	4	4	4	9	9	9	9

6	6	4	4	3	3	3	6	5	5	5
6	6	4	4	6	6	6	6	6	5	5
6	6	7	7	7	7	7	2	2	6	6
8	8	8	8	4	4	7	4	4	6	6
8	8	8	8	4	4	7	4	4	6	6
6	6	6	6	6	1	6	6	6	4	4
3	6	4	4	4	4	6	6	6	4	4
3	3	6	9	9	9	9	9	9	9	9
2	2	6	6	7	7	7	5	9	2	2
6	6	6	7	7	7	7	5	5	5	5

4	4	8	8	8	4	4	1	2	2	1
4	4	8	8	8	8	4	4	3	3	3
5	5	5	5	5	8	5	5	5	5	5
9	9	9	9	4	2	2	4	4	4	4
9	9	9	9	4	4	4	3	3	3	6
9	2	2	7	7	7	7	2	2	6	6
4	4	4	4	2	2	7	7	7	6	6
9	9	9	9	9	9	4	4	4	4	6
9	9	9	6	6	6	6	3	3	3	2
2	2	6	6	2	2	4	4	4	4	2

9	9	9	9	9	9	9	6	6	6	6
3	3	3	6	6	9	9	3	3	3	6
2	2	8	8	6	6	6	6	2	2	6
3	3	8	8	8	8	8	8	3	3	3
3	5	5	5	5	5	2	2	6	6	6
7	7	4	4	4	4	6	6	6	2	2
7	7	9	9	9	3	3	3	4	4	4
7	7	7	9	9	5	5	5	5	5	4
9	9	9	9	1	8	8	8	8	2	2
4	4	4	4	8	8	8	8	3	3	3

3	3	3	7	7	4	4	4	4	3	3
2	2	7	7	7	7	7	2	2	3	2
5	5	5	5	6	6	6	6	5	5	2
2	2	5	6	6	4	4	4	4	5	5
4	4	1	7	7	7	2	7	7	7	5
4	4	7	7	7	7	2	7	7	7	7
3	3	3	8	8	8	8	8	8	2	2
6	6	6	8	8	3	7	7	7	7	7
6	6	6	2	2	3	3	7	7	8	8
2	2	3	3	3	8	8	8	8	8	8

	2	8				8		6		2
		7	7			8		5		
4	4		7							2
	4								8	
				7					3	4
		3	7	7	4			5		
					6		4	3	4	4
	2		2				7			8
			9	7	7	7		8		
		3				9				

						3	3			
		8	3					2		
	7	7	7	9		9	3			5
7			7					9	2	
			3				6	4	4	
4		3		5			5	4	7	
9			9	2						
9	9	9	9	9			4	7	7	
				4	3		3	9	9	
8				4						

		4		3	3					
		4		6				6	5	5
6	6	7						2	6	
			8		4			4	6	
	8	8	8		4	7				6
				6		6	6	6		4
	6			4	4	6		6	4	
3			9							
2				7	7		5	9	2	
6			7		7					

		8			4				2	1
4		8	8			4	4			
5			5		8	5			5	5
		9			2					4
		9	9		4	4			3	
9		2			7			2		6
4			4	2		7	7	7		
					9	4				
					6				3	2
2	2				2	4	4		4	

9							6			6
3			6		9			3		
	2		8					2	2	6
	3	8			8					3
	5				5	2				6
	7			4		6			2	
7		9		9			3			
		7	9	9					5	4
9			9		8	8		8		2
		4		8	8	8	8			3

		3		7	4		4			3
	2						2			
5			5				6	5		2
2	2		6			4		4	5	
		1	7		7	2			7	5
			7	7	7	2	7			
3	3	3					8		2	
						7	7		7	7
	6	6	2	2		3	7	7		
	2			3		8				

2	9	2	2	8	4	4	4	4	5	5
2	9	9	8	8	8	8	5	5	5	2
9	9	4	4	4	4	8	3	3	3	2
9	9	7	7	7	8	8	2	2	4	4
9	9	4	4	7	7	3	3	3	4	4
6	6	6	4	4	7	7	5	5	5	5
2	2	6	6	6	9	6	6	6	6	5
3	3	3	2	2	9	9	9	9	6	6
8	8	8	8	3	3	3	9	9	9	9
8	8	8	8	2	2	5	5	5	5	5

8	8	8	8	8	3	9	9	9	9	9
8	8	8	7	7	3	3	9	9	2	2
5	5	5	7	7	7	9	9	3	3	3
5	9	9	7	7	3	3	3	2	2	6
5	3	9	9	5	5	6	6	6	6	6
3	3	9	9	5	5	5	8	8	8	8
5	5	5	9	9	9	8	8	8	8	2
5	5	4	4	4	4	6	5	5	5	2
9	9	9	2	2	6	6	5	5	4	4
9	9	9	9	9	9	6	6	6	4	4

2	2	4	5	5	9	9	9	9	9	9
4	4	4	5	5	5	6	6	6	6	9
2	2	5	2	2	3	3	3	6	6	9
7	5	5	5	5	9	9	9	9	3	9
7	9	9	9	9	9	2	2	6	3	3
7	7	7	7	7	6	6	6	6	6	2
8	8	8	8	8	8	8	3	3	3	2
8	3	3	3	7	7	5	5	5	5	5
4	4	4	7	7	7	2	2	4	4	2
2	2	4	7	7	3	3	3	4	4	2

2	2	4	4	4	4	3	3	4	4	2
3	3	3	2	2	6	6	3	4	4	2
5	5	5	5	5	6	6	8	8	8	8
2	2	3	3	3	6	6	8	8	8	8
9	9	9	9	9	9	9	4	4	2	2
2	2	3	3	3	9	9	4	4	6	6
7	7	7	7	7	7	6	6	6	6	5
7	8	8	8	8	8	8	5	5	5	5
4	4	4	5	5	5	8	8	4	4	4
4	2	2	5	5	3	3	3	2	2	4

4	4	8	8	4	4	4	4	3	3	3
4	4	8	8	9	8	8	8	8	2	2
8	8	8	8	9	9	8	8	8	8	1
6	9	9	9	9	9	9	7	7	7	7
6	6	6	6	1	6	6	1	7	7	7
6	2	2	8	8	6	6	6	6	2	2
3	3	3	8	8	8	7	7	7	7	7
4	4	6	8	8	8	7	7	5	5	5
4	4	6	6	9	9	9	9	9	5	5
6	6	6	2	2	9	9	9	9	2	2

5	5	7	7	7	5	5	5	2	2	5
5	5	5	7	7	5	5	3	3	3	5
9	9	7	7	6	6	6	6	5	5	5
9	9	9	6	6	3	3	3	2	2	8
9	9	9	9	4	4	4	4	8	8	8
5	5	2	2	3	3	3	5	8	8	8
5	5	5	6	6	2	2	5	5	3	8
3	3	3	6	6	4	4	5	5	3	3
5	5	5	6	6	4	4	3	3	4	4
5	5	3	3	3	2	2	1	3	4	4

Puzzle 139-144

		2						4	5	
2										
9		4			4				3	2
		7			8			2		
	9	4						3		4
6		6		4		7				5
	2	6								
3	3	3	2		9		9	9	6	6
			8	3						9
					2	5				5

	8			8	3	9				
				7					2	2
		5			7			3		
	9	9		7			3	2		
5	3		9	5		6			6	6
				5	5	5				
5	5	5						8		2
	5		4			6	5	5	5	
	9	9		2	6				4	
					9			6		

2		4								
		4			5	6	6		6	
	2	5		2		3		6		
7	5				9			9		9
	9	9	9				2	6		3
										2
8						8	3		3	
		3	3			5	5			
							2	4		2
	2	4	7	7			3	4		2

2					4					
3				2			3	4	4	2
5	5		5	5	6	6				
	2	3				6	8	8	8	
				9		9			2	
2				3	9	9	4			
					7	6				
		8		8	8		5			5
		4				8	8			
		2	5				3		2	4

					4		4	3		3
4	4	8		9	8			8		
8				9	9	8	8	8	8	1
	9					9	7	7	7	
	6				6	6		7	7	7
6		2	8		6	6		6		2
3		3	8	8	8					7
		6	8	8	8		7			
	4	6					9	9	5	5
6	6			2	9					2

5	5	7						2		5
				7	5		3		3	
9	9	7								
		9	6		3			2	2	
				4						
5	5	2	2		3		5	8		
5				6	2					8
3				6	4				3	3
5	5	5	6				3	3		
			3		2	2		3		4

8	8	8	8	2	2	7	7	3	2	2
8	8	8	8	7	7	7	7	3	3	4
6	6	6	6	7	4	4	5	5	5	4
3	3	3	6	6	4	4	5	5	4	4
5	2	2	1	3	3	3	7	7	7	7
5	5	5	5	2	7	7	7	6	6	6
6	6	6	3	2	3	3	3	6	6	6
6	6	6	3	3	9	9	9	9	9	5
8	8	8	8	6	9	9	6	9	9	5
8	8	8	8	6	6	6	6	5	5	5

4	4	9	9	9	6	6	6	6	6	6
4	4	5	5	9	9	9	9	3	3	3
3	3	3	5	5	5	9	9	5	5	5
4	4	6	6	6	6	3	3	3	5	5
4	4	6	6	8	8	8	4	4	4	4
5	5	5	5	5	8	8	8	6	6	6
7	7	7	7	7	7	7	8	8	6	6
9	9	4	4	4	4	5	5	5	6	4
9	9	9	9	9	9	9	3	5	5	4
5	5	5	5	5	2	2	3	3	4	4

4	4	4	4	6	9	9	9	4	4	4
2	6	6	6	6	6	9	9	2	2	4
2	5	5	5	5	5	9	9	9	9	1
4	4	8	8	8	8	6	6	6	4	4
4	4	8	8	8	8	6	6	6	4	4
6	6	6	4	4	4	4	7	7	7	7
6	6	6	3	3	3	2	2	7	7	7
2	2	5	5	2	2	3	3	5	5	5
3	3	3	5	5	5	3	5	5	4	4
6	6	6	6	6	6	2	2	4	4	1

8	8	8	8	6	8	8	8	8	3	3
8	8	8	8	6	8	8	8	8	3	5
7	7	7	6	6	6	4	4	4	5	5
7	7	7	6	2	2	4	2	2	5	5
2	3	7	4	4	6	6	6	3	3	3
2	3	3	4	4	3	3	6	6	6	2
5	5	6	6	6	6	3	8	8	8	2
5	5	5	6	6	8	8	8	4	8	8
3	3	3	5	5	5	6	6	4	4	4
2	2	5	5	6	6	6	6	3	3	3

7	7	7	7	5	6	6	6	9	2	2
4	7	7	7	5	6	6	6	9	9	9
4	9	9	9	5	5	5	3	3	3	9
4	4	9	9	6	6	6	9	9	9	9
9	9	9	9	6	6	6	3	3	3	2
4	4	4	4	3	3	4	4	5	5	2
8	8	2	2	5	3	4	4	5	5	5
8	8	3	3	5	5	8	8	8	8	8
8	8	6	3	5	5	4	4	8	8	8
8	8	6	6	6	6	6	4	4	2	2

5	5	5	5	5	9	9	9	9	9	9
8	8	6	6	6	2	2	7	7	9	9
8	8	6	5	5	5	4	4	7	7	9
8	8	6	6	5	5	4	4	7	7	7
8	8	3	2	2	3	3	3	4	4	4
2	2	3	3	4	4	4	4	2	2	4
6	6	6	6	6	6	2	2	6	6	6
4	4	4	4	5	5	5	5	6	6	6
7	7	7	7	5	4	4	4	4	2	2
7	7	7	2	2	1	2	2	3	3	3

					2	7			2	2
8							7		3	
6		6		7	4	4	5		5	4
	3			6					4	
5	2					3		7		
				2		7		6	6	6
6	6	6	3		3			6		
6	6	6	3							5
					9	9		9		
			8	6				5		

		9			6					6
	4	5						3		3
	3		5			9				
	4	6				3			5	5
		6		8	8		4			4
5										6
7			7			7		8		
		4			4			5		4
						9	3		5	
				5	2		3			

			4	6	9		9	4		
					6	9	9	2		
2	5	5			5	9				
	4	8			8	6	6	6		
4			8		8			6		4
6		6	4		4				7	7
6					3		2			
2					2		3	5	5	5
3		3			5		5		4	4
			6				2	4		

					8					3
8		8	8		8	8	8		3	
7		7								
			6	2		4	2	2	5	5
		7							3	
2		3		4		3			6	2
					6				8	
		5	6			8		4	8	
		3			5					4
	2	5			6					3

7				5			6	9	2	
4		7	7	5					9	
			9		5	5			3	9
4	4		9			6				
			9					3	3	2
4			4	3	3	4	4			
			2	5			4		5	
			3						8	8
8		6						8		8
		6				6		4		2

5				5	9				9	
						2	7		9	
	8		5		5		4			9
	8		6		5	4				7
	8		2			3				
	2		3				4	2	2	4
					6		2	6		
			4				5			
7	7	7	7	5	4			4	2	2
	7	7			1				3	

2	2	8	8	8	3	3	3	2	2	3
4	4	8	8	8	8	8	5	5	3	3
4	4	9	9	9	9	5	5	5	2	2
2	2	9	9	9	9	9	4	4	4	4
3	3	6	6	6	6	6	6	3	3	3
3	4	4	4	4	9	9	9	9	9	9
5	5	5	5	5	9	2	2	3	3	3
3	3	3	4	4	9	9	4	4	4	4
6	6	6	4	4	5	5	5	5	2	2
6	6	6	2	2	5	2	2	3	3	3

4	4	4	4	3	3	3	5	4	4	4
7	7	7	7	5	5	5	5	2	2	4
2	7	7	7	3	3	4	4	3	1	2
2	4	4	4	4	3	4	4	3	3	2
3	6	6	6	9	9	9	6	6	6	6
3	3	6	6	9	9	9	9	4	4	6
4	4	6	7	7	3	9	9	4	3	6
4	4	7	7	3	3	2	2	4	3	3
2	2	7	7	7	9	9	3	3	5	5
9	9	9	9	9	9	9	3	5	5	5

2	2	5	5	5	5	5	3	3	7	7
4	4	8	8	8	8	8	8	3	7	7
4	4	6	8	8	4	4	7	7	7	5
6	6	6	6	6	4	4	5	5	5	5
4	4	4	4	3	3	3	2	2	4	4
8	8	8	8	8	2	2	5	5	4	4
8	8	8	2	2	3	3	3	5	5	5
3	3	3	9	9	9	9	9	9	2	2
5	5	5	5	5	6	6	6	9	3	3
3	3	3	2	2	6	6	6	9	9	3

4	4	4	4	7	7	7	9	9	9	9
5	5	5	5	7	7	7	3	3	3	9
5	6	4	4	3	3	7	9	9	9	9
6	6	4	4	3	2	2	3	3	3	1
6	6	6	5	5	5	1	4	4	4	4
4	4	1	5	5	2	2	5	5	3	3
4	4	6	6	3	3	3	5	5	3	8
3	3	3	6	6	6	6	5	8	8	8
8	8	2	2	8	3	3	8	8	8	8
8	8	8	8	8	3	5	5	5	5	5

9	9	9	9	9	3	3	3	7	7	3
4	4	4	4	9	9	9	9	7	7	3
6	6	6	5	5	5	5	7	7	7	3
6	6	6	3	3	3	5	8	8	1	8
3	3	4	4	4	4	6	6	8	8	8
3	5	5	5	9	6	6	6	6	8	8
4	3	5	5	9	9	9	9	9	9	6
4	3	3	7	7	7	7	9	9	6	6
4	4	6	7	7	7	8	8	6	6	6
6	6	6	6	6	8	8	8	8	8	8

4	4	4	4	9	9	9	9	9	9	3
1	3	3	3	6	6	9	9	9	3	3
4	4	5	5	6	6	5	5	1	4	4
4	4	5	5	6	6	5	5	5	4	4
2	2	5	8	8	3	3	3	6	6	6
4	4	4	4	8	8	5	5	6	6	6
6	6	6	6	6	8	8	5	5	4	4
4	4	4	6	4	4	8	8	5	4	4
4	2	2	4	4	6	6	6	6	6	2
3	3	3	2	2	4	4	4	4	6	2

Puzzle 151-156

	2	8	8		3				2	3
	4		8		8					
4			9	9	9	5		5		2
2			9			9				4
		6				6				3
3	4									9
5						2		3		3
3		3	4			9		4		
6			4					5	2	
			2			2		3		

			4	3			5	4	4	4
		7	7	5						4
	7	7	7		3	4	4	3	1	
2	4		4		3			3		
				9			6		6	
3	3		6	9		9	9	4		6
		6	7		3		9		3	
	4			3	3		2		3	3
	2	7								
				9		9	3	5		

2		5				5				
4	4			8			8	3		
4		6		8	4			7		5
				6	4		5			
4	4		4	3			2			
			8		2		5		4	
		8	2				3			
3		3	9						2	2
	5					6				
	3		2		6				9	3

4			4	7	7	7	9			
				7	7		3			
5			4	3	3	7	9			9
		4	4				3		3	
		6	5		5					4
4	4		5	5	2			5	3	
4	4	6			3			5		8
	3		6			6	5		8	
8	8	2								
					3	5		5		5

						3		7	7	
4			4				9	7	7	3
		6		5			7		7	
6		6	3		3		8			8
3		4	4					8	8	8
3				9	6				8	8
	3		5	9					9	6
4			7	7					6	
		6				8	8			
6			6	6	8					8

4				9			9		9	
	3		3			9	9	9		3
		5			6	5	5			4
4	4		5	6	6	5	5	5	4	4
2		5	8			3			6	
4						5				
6				6	8			5	4	4
		4			4					
4		2			6					2
		3	2		4					

4	4	5	5	5	5	5	9	9	9	9
4	4	6	6	6	6	6	8	8	9	9
3	3	6	8	8	8	8	8	9	9	9
3	5	5	2	2	8	2	2	3	3	3
5	5	5	3	3	3	7	7	7	9	9
4	4	2	2	9	9	7	7	7	7	9
4	4	3	3	3	9	9	6	6	6	9
6	6	6	9	9	9	9	6	6	6	9
6	3	6	9	7	7	7	7	9	9	9
6	3	3	4	4	4	4	7	7	7	9

3	3	3	2	2	3	3	3	2	2	1
2	2	4	4	4	4	5	5	3	3	3
1	6	6	6	6	6	6	5	5	5	4
4	4	4	4	7	7	7	7	4	4	4
5	5	5	7	7	7	5	5	5	5	5
4	4	5	5	8	2	2	3	3	3	4
4	4	7	7	8	8	8	5	4	4	4
7	7	7	7	7	8	8	5	3	3	3
4	2	2	6	6	8	8	5	5	4	4
4	4	4	6	6	6	6	5	4	4	1

2	2	6	6	6	6	6	6	3	3	3
3	3	3	5	5	5	5	5	4	4	4
9	9	9	4	4	4	4	6	6	6	4
9	9	6	6	6	6	8	2	2	6	6
9	9	6	6	8	8	8	4	4	4	6
9	9	3	3	8	8	2	4	5	5	5
4	5	3	8	8	3	2	1	5	5	4
4	5	5	5	5	3	3	5	4	4	4
4	4	6	6	6	6	5	5	2	2	1
2	2	6	6	2	2	5	5	3	3	3

6	6	6	3	4	4	4	4	6	4	4
6	6	6	3	6	6	6	6	6	4	4
3	8	8	3	4	4	4	4	3	3	3
3	3	8	8	6	3	2	2	7	7	7
8	8	8	6	6	3	3	7	7	7	7
5	5	8	6	2	2	5	5	4	4	4
5	5	5	6	6	8	8	5	5	5	4
3	3	3	2	2	8	8	8	8	8	8
9	9	9	9	9	2	2	5	5	5	5
1	9	9	9	9	3	3	3	2	2	5

2	2	3	3	3	6	6	8	8	8	8
3	3	2	2	6	6	6	8	8	8	8
3	5	5	3	3	3	6	3	3	3	2
5	5	5	6	6	5	5	5	5	5	2
6	6	6	6	9	9	9	9	9	9	9
2	3	3	3	1	2	2	9	9	2	2
2	5	5	5	4	4	6	6	6	6	6
4	4	5	5	4	4	9	5	5	6	2
4	4	2	2	9	9	9	5	5	5	2
2	2	4	4	4	4	9	9	9	9	9

4	4	4	4	8	8	8	8	2	2	3
5	5	5	5	8	8	8	4	4	3	3
5	3	3	3	8	3	3	4	4	2	2
2	2	5	5	5	3	2	2	7	7	7
3	3	3	5	5	6	7	7	7	7	4
5	5	5	6	6	6	3	3	4	4	4
5	5	3	3	6	6	3	6	6	6	6
8	8	3	2	2	4	4	4	4	6	6
8	8	8	6	6	6	6	6	6	9	9
8	8	8	9	9	9	9	9	9	9	1

Puzzle 157-162

						5	9			
4				6	6	6				
		6	8					9		9
3	5			2	8	2			3	
5				3		7		7	9	9
		2		9	9					
4			3	3	9		6	6	6	9
		6	9				6			
		6		7	7			9		
6		3				4			7	9

	3			2	3		3			1
	2				4			3		
						6	5			
			4	7			7	4		
5						5	5	5		
4		5		8	2			3		
	4	7	7			8		4		
7						8	5	3		
	2	2	6			8			4	4
4			6			6		4		

	2		6			6			3	
		3	5				5	4		
		9			4		6			
	9		6		6	8	2		6	
	9		6						4	6
	9		3			2		5	5	
4	5	3			3					4
				5				4	4	
	4		6			5		2	2	1
	2	6		2	2	5	5			

			3			4		6		4
	6		3		6		6		4	
	8	8				4	4	3		3
3				6	3	2				7
8						3	7			
		8		2			5	4		
5		5		6		8		5		4
	3		2		8					8
9	9	9	9	9	2			5		
	9	9	9	9	3			2		

2			3		6					
	3		2	6		6	8	8	8	
3		5	3					3		2
		5	6						5	
	6	6		9		9	9			9
		3		1			9	9		2
2	5		5	4						
		5		4	4	9		5	6	2
4		2						5		
2		4							9	

			4	8			8	2		
			5			8			3	
5		3				3	4		2	
2		5		5			2	7		7
3		3		5	6				7	4
							3			
5		3	3							6
8		3		2				4		
								6	9	9
			9							

3	3	3	2	2	1	4	4	3	3	5
4	4	6	6	6	3	4	4	3	5	5
4	4	6	6	6	3	3	5	4	5	5
5	3	3	3	5	5	5	5	4	4	4
5	5	5	5	3	3	2	2	6	2	2
6	6	4	4	3	6	4	4	6	6	6
6	6	4	4	6	6	6	4	4	6	6
8	6	6	8	6	6	7	7	7	7	7
8	8	8	8	8	8	4	4	4	4	7
7	7	7	7	7	7	7	3	3	3	7

8	8	8	8	8	8	8	8	2	2	4
7	7	7	4	2	2	3	3	4	4	4
7	2	2	4	4	4	3	5	5	5	5
7	7	7	2	2	6	6	3	3	3	5
8	8	5	5	5	5	6	6	6	6	2
8	8	5	2	2	8	8	5	5	5	2
8	2	2	3	3	3	8	8	8	5	5
8	8	8	9	9	9	8	8	8	2	2
5	5	5	9	9	6	6	6	6	6	6
5	5	9	9	9	9	5	5	5	5	5

2	2	4	4	4	4	6	6	6	6	6
3	3	3	7	7	7	7	7	4	4	6
8	8	8	7	7	5	5	1	3	4	4
2	2	8	8	8	5	5	5	3	3	6
4	4	4	8	8	6	1	6	6	6	6
4	6	6	6	6	6	2	2	9	9	6
2	2	4	4	4	4	3	3	3	9	9
3	3	3	7	7	7	5	5	2	2	9
8	8	8	8	7	7	5	5	5	9	9
8	8	8	8	7	7	3	3	3	9	9

5	5	3	5	5	5	5	5	8	8	8
5	5	3	3	4	4	4	4	2	2	8
5	6	6	6	6	6	6	8	8	8	8
9	9	9	9	7	7	7	7	7	7	7
9	9	9	9	9	6	9	9	9	9	9
4	4	6	6	6	6	3	9	9	9	9
4	4	3	3	3	6	3	3	8	8	8
5	5	5	5	5	7	7	7	8	8	8
4	4	4	4	7	7	7	7	8	8	4
3	3	3	2	2	3	3	3	4	4	4

3	3	3	8	8	7	7	7	7	4	4
2	2	8	8	8	3	3	7	7	4	4
3	3	8	4	4	3	1	7	3	3	3
3	8	8	4	4	2	2	4	4	4	4
4	4	6	6	6	6	6	6	5	5	5
4	4	9	9	9	9	9	9	4	4	5
2	2	9	9	9	7	7	7	4	4	5
3	3	3	1	3	3	3	7	7	3	3
7	7	7	7	7	7	8	7	7	1	3
1	7	8	8	8	8	8	8	8	2	2

4	3	3	7	7	7	5	5	5	5	5
4	3	7	7	7	4	4	7	7	8	8
4	4	7	6	4	4	7	7	7	8	8
6	6	6	6	2	2	7	7	8	8	8
6	7	7	4	4	8	8	8	4	4	8
7	7	7	4	4	8	8	6	4	4	6
4	4	7	7	8	8	8	6	6	6	6
4	4	2	2	3	3	3	8	8	8	2
5	5	5	5	5	8	8	8	8	8	2
3	3	3	2	2	6	6	6	6	6	6

58

Puzzle 163-168

3					1		4	3	3	5
4		6	6	6	3	4				
		6	6	6				4	5	
5		3	3	5						
		5		3		2		6	2	
6		4			6	4				
		4		6		6				
8	6		8				7			
				8	8				4	
		7							3	7

							8		2	4
		7			2		3			
		2			4					5
		7	2	2			3		3	
									6	2
	8	5		2			5	5		
	2				3					5
8	8				9	8		8		2
5			9		6					6
		9						5		

	2	4				6				
3			7					4		
8			7	7	5	5		3		
	2	8		8	5		5		3	
		4	8			1				
	6	6						9		6
	2		4			3		3	9	
		3	7					2		
	8	8	8		7	5			9	
			8		7	3				9

5	5			5				8	8	
		3		4	4	4	4		2	8
5	6				6			8	8	
			9	7	7					7
9		9	9		6				9	
4		6					9	9		9
	4	3		3	6		3	8		8
			5	5		7	7	8		
			4						8	4
		3	2		3	3	3	4		

3					7			7		
2					3	3		7	4	
3	3		4		3		7	3		
3		8	4		2			4		
		6			6			5		
	4	9	9				9	4	4	
2	2			9	7		7			
			1		3				3	
7	7				7	8			1	
	7	8			8			8		

4		3			7					5
	3	7		7		4		7		8
		7			4			7		
		6			2	7	7			
	7	7		4		8		4	4	
			4	4			6	4		6
	4		7	8		8			6	
	4	2			3			8		
				5	8				8	2
		3		2	6					6

4	4	7	7	7	7	6	6	6	6	3
4	5	7	7	7	6	6	2	2	3	3
4	5	5	5	5	4	4	5	5	2	2
6	6	8	8	8	8	4	4	5	5	5
6	6	4	4	8	8	8	8	4	2	2
6	6	4	4	9	9	9	9	4	4	4
8	8	8	8	8	8	9	9	9	9	9
8	2	2	8	2	2	5	5	5	4	4
5	3	3	3	8	8	8	5	5	4	4
5	5	5	5	8	8	8	8	8	2	2

2	2	3	3	3	4	4	4	4	2	2
4	4	2	2	9	3	5	5	5	8	8
4	4	9	9	9	3	3	5	5	8	8
9	9	9	9	9	4	4	4	4	8	8
4	4	4	4	6	6	6	6	6	8	8
5	5	5	5	5	4	4	6	4	3	3
4	4	3	3	4	4	3	3	4	3	7
4	4	3	9	9	9	9	3	4	4	7
3	3	4	4	9	9	9	7	7	7	7
3	2	2	4	4	9	9	7	3	3	3

2	2	4	4	4	4	6	4	4	4	4
8	8	8	9	9	9	6	6	6	6	6
4	4	8	2	2	9	9	9	9	9	2
4	4	8	8	4	4	4	5	5	9	2
5	5	8	8	4	7	7	7	5	5	5
5	5	5	7	7	7	7	8	8	8	8
3	3	3	5	5	5	5	5	8	8	8
7	7	7	7	7	7	7	3	3	3	8
4	4	4	4	3	3	3	5	5	5	5
7	7	7	7	7	7	7	5	3	3	3

2	2	8	8	8	8	8	8	8	8	3
4	4	5	5	7	7	7	7	7	2	3
4	4	5	5	5	9	9	7	7	2	3
3	3	3	9	9	9	9	9	5	5	5
4	4	4	4	6	6	7	9	9	5	5
7	7	2	2	6	6	7	7	7	7	3
7	7	3	3	3	6	6	7	7	3	3
7	7	5	5	9	9	9	9	9	2	2
4	7	5	5	5	9	9	9	9	3	3
4	4	4	2	2	5	5	5	5	5	3

8	8	8	8	8	8	8	2	2	4	4
8	2	2	9	9	9	9	9	9	4	4
4	4	4	2	2	9	9	9	5	5	5
4	2	2	3	3	3	6	5	5	2	2
8	8	8	8	2	2	6	6	6	6	6
8	8	8	8	3	3	3	4	4	2	2
6	6	6	6	6	6	4	4	7	7	7
5	5	5	5	5	3	3	3	2	2	7
4	4	4	4	6	6	4	4	7	7	7
2	2	6	6	6	6	4	4	3	3	3

4	4	2	2	5	5	9	9	9	4	4
4	4	3	5	5	5	9	9	9	4	4
2	2	3	3	6	6	9	9	9	2	2
4	4	4	4	6	6	6	5	5	5	5
3	3	2	2	6	8	8	6	6	3	5
3	8	8	8	8	8	8	6	6	3	3
5	5	5	7	7	7	7	6	6	2	2
5	5	7	7	7	3	3	1	3	3	3
3	3	3	2	2	3	5	5	5	5	5
5	5	5	5	5	4	4	4	4	2	2

Puzzle 169-174

		7				6				
4	5			7	6		2			3
	5		5	5			5			2
	6	8			8	4				5
	6	4	4	8			8	4	2	
6				9						4
8								9		
		2		2				5		4
	3		3	8		8		5	4	4
			5	8				8		2

2				3				4		2
4	4		2	9		5				8
4			9		3		5	5	8	
				9	4					
4							6		8	
5	5			5	4	4		4	3	
	4		3	4			3		3	
			9	9						
	3		4	9		9				
	2					9	7	3		

	2				4				4	
		8			9	6				6
	4			2				9		
4	4		8				5		9	2
	5	8	8	4	7					5
5				7			8			
3			5					8		
7	7		7				3			
			4	3	3	3				
				7			5	3		

	2		8						8	
	4		5		7			7	2	
	4		5	5			7		2	3
		3	9					5		
4			4		6	7	9		5	
			2	6						
			3				7	7	3	3
	7	5	5	9					2	
4		5								
		4	2		5		5		5	3

						8		2		
		2						9	4	
				2	9			5		5
4	2				3	6	5			2
	8			2	2					
	8	8	8	3					2	
	6					4		7		
5		5		5			3	2	2	
4						4	4			
	2	6				4				3

		2			5				4	
4		3		5	5				4	4
2			3			9	9			2
4			4		6		5			
	3		2		8	8	6	6	3	
							6	6		
		5	7			7			2	2
	5	7		7		3	1			
		3	2			5			5	5
			5			4				2

8	8	8	8	8	8	3	9	9	9	9
8	8	4	4	4	3	3	2	2	9	9
2	2	4	6	6	6	6	3	3	3	9
4	4	6	6	2	2	4	2	2	9	9
4	4	2	2	4	4	4	3	5	5	5
2	2	6	6	6	2	2	3	3	5	5
6	6	6	3	3	3	8	4	4	4	4
5	5	8	8	8	8	8	8	8	2	2
5	3	3	3	6	5	5	5	5	5	1
5	5	2	2	6	6	6	6	6	2	2

4	4	8	8	4	4	4	4	2	2	9
4	4	8	8	8	8	8	8	9	9	9
2	5	4	4	4	4	7	7	2	2	9
2	5	5	7	7	7	7	9	9	9	9
4	5	5	7	4	4	2	3	3	3	5
4	4	4	5	4	4	2	5	5	5	5
5	5	5	5	6	7	7	7	2	2	4
2	2	6	6	6	6	7	7	4	4	4
4	4	6	5	5	5	7	7	5	5	5
4	4	5	5	3	3	3	5	5	2	2

8	8	8	8	8	8	6	6	6	6	6
8	8	7	7	7	7	7	7	7	6	3
9	9	9	9	5	5	3	3	1	3	3
9	9	9	5	5	5	3	2	2	7	7
9	9	3	3	2	2	4	4	4	4	7
2	2	3	8	8	8	8	8	8	7	7
4	4	4	4	2	2	4	8	8	7	7
6	6	6	6	6	6	4	4	4	2	2
8	8	8	8	4	4	3	3	3	5	5
8	8	8	8	4	4	2	2	5	5	5

2	2	8	8	8	8	8	8	2	2	4
3	3	6	6	6	6	8	8	4	4	4
3	6	6	3	3	3	7	7	7	7	7
2	2	4	2	2	8	4	4	4	4	7
3	3	4	3	8	8	5	5	5	5	7
3	4	4	3	3	8	5	4	4	4	4
8	2	2	4	4	8	8	5	5	5	5
8	8	8	8	4	4	8	8	4	4	5
8	8	8	4	6	6	6	4	4	3	3
3	3	3	4	4	4	6	6	6	3	1

9	9	9	9	9	9	5	5	4	2	2
9	7	7	9	9	5	5	5	4	4	4
7	7	7	7	7	3	3	3	2	2	5
5	5	5	5	5	2	2	5	5	5	5
6	6	6	6	6	6	3	4	4	4	4
5	5	5	5	2	2	3	3	2	2	7
9	9	9	5	4	4	4	4	7	7	7
9	6	6	6	6	1	7	7	7	2	2
9	6	6	7	7	7	2	2	4	4	4
9	9	9	9	7	7	7	7	4	2	2

4	4	2	2	9	9	9	4	4	4	4
4	4	9	9	9	9	9	9	2	2	8
3	7	7	7	7	3	3	3	8	8	8
3	3	2	2	7	7	7	8	8	8	8
8	8	3	5	5	6	6	6	6	6	6
8	8	3	3	5	5	5	9	9	9	9
8	8	8	8	3	3	2	2	9	9	9
7	7	7	4	4	3	5	5	5	9	9
7	7	4	4	2	2	5	5	3	3	3
7	7	2	2	4	4	4	4	1	2	2

Puzzle 175-180

					8	3			9	
	8	4					2	2		
	2						3	3		
	4	6	6	2		4	2		9	9
		2								
	2			6	2		3	3	5	
	6				3	8	4			4
5	5		8							
	3		3	6	5					1
		2						6		

	4		8		4				2	9
	4						8			
					4	7			2	9
2	5						9		9	
	5	5	7		4	2	3			
	4		5		4		5			5
		5			7				2	4
2	2		6			7				
			5		5	7				5
	4	5			3					2

				8						6
		7			7		7	7		3
9	9		9		5				3	
9		9	5		5		2	2		
9	9	3		2		4	4		4	
2			8							
4			4		2	4	8	8	7	
6					6				2	
		8			4	3			5	
		8	8	4		2				

	2	8						2		
3	3							4		
	6		3			7				
2			2			4		4	4	
3	3	4	3	8		5				
										4
	2	2	4	4						5
	8				4				4	
							4		3	3
3		3			4		6		3	

9						5		4	2	
	7	7			5					
7	7			7	3				2	5
5	5				2		5			
		6							4	
5	5	5		2	2	3	3	2		7
										7
	6		6	6	1	7	7	7		2
	6	6			7	2				
			9					4	2	

			2	9					4	
	4						9		2	8
					3		3		8	
	3		2			7	8		8	
				5						6
	8	3	3			5	9			9
			8	3			2	9	9	9
		7	4			5	5	5	9	9
	7			2		5	5			
			2	4				1	2	2

9	2	2	4	4	4	4	2	2	5	5
9	3	3	3	5	5	5	3	3	3	5
9	9	9	5	5	9	9	9	9	5	5
9	9	6	6	6	9	9	9	7	7	7
9	9	6	6	6	9	9	7	7	7	7
2	2	5	5	5	5	5	4	4	4	4
9	9	9	9	6	6	6	2	2	9	9
9	9	6	6	6	3	3	3	9	9	9
9	9	9	7	7	7	4	4	9	9	2
7	7	7	7	2	2	4	4	9	9	2

6	6	6	3	3	9	9	4	4	4	4
4	4	6	3	9	9	9	9	9	9	9
4	4	6	4	4	6	6	4	4	4	4
2	2	6	4	4	6	6	6	6	3	2
3	3	3	2	2	4	4	4	3	3	2
4	4	4	4	8	4	6	6	6	6	6
7	7	7	7	8	8	4	4	4	4	6
7	7	7	4	4	8	8	8	8	5	5
2	2	4	4	5	5	5	8	5	5	5
3	3	3	1	2	2	5	5	3	3	3

2	2	5	5	5	5	3	3	6	6	6
4	4	3	3	3	5	3	6	6	6	3
4	4	7	7	7	7	7	7	7	3	3
2	2	5	5	5	3	3	4	4	4	4
3	3	3	5	5	3	5	5	5	5	5
2	2	9	9	9	9	3	4	4	8	8
9	9	9	2	2	3	3	4	4	8	8
9	9	3	3	3	7	7	8	8	8	8
8	8	8	8	8	8	7	7	7	7	7
8	8	5	5	5	5	5	4	4	4	4

8	8	2	8	8	8	8	8	8	4	4
8	8	2	6	8	8	9	9	9	4	4
8	8	6	6	6	6	6	9	9	9	9
8	8	3	4	4	4	4	9	9	2	2
2	2	3	3	2	6	6	8	8	8	8
4	4	4	4	2	6	6	6	6	8	8
3	3	3	1	5	5	5	5	5	8	8
2	2	4	2	2	9	2	2	4	4	2
3	3	4	4	4	9	9	9	4	4	2
3	2	2	3	3	3	9	9	9	9	9

4	4	4	4	5	5	5	2	2	6	6
7	7	7	9	9	5	5	9	9	6	6
7	7	7	7	9	9	9	9	9	6	6
2	2	4	6	6	4	4	8	8	8	8
4	4	4	6	6	4	4	8	8	8	8
3	3	3	6	6	7	7	7	7	2	2
9	9	9	7	7	7	5	5	5	5	5
2	2	9	2	2	1	6	6	6	2	2
9	9	9	3	3	3	4	4	6	6	6
9	9	5	5	5	5	5	4	4	2	2

9	9	9	9	2	2	9	9	9	3	3
9	8	8	8	8	8	8	8	9	9	3
9	9	8	2	2	9	9	9	9	5	5
9	9	7	7	7	2	2	5	5	5	3
7	7	7	4	4	5	5	2	2	3	3
7	8	8	4	4	5	7	7	3	2	2
8	8	3	3	3	5	5	7	3	3	4
8	8	6	6	7	7	7	7	4	4	4
8	8	6	6	2	2	3	3	3	2	2
3	3	3	6	6	1	5	5	5	5	5

Puzzle 181-186

	2		4			4		2		
	3		3	5		5	3		3	
	9		5						5	
9			6		9		9	7		
9	9	6		6	9		7		7	7
2		5								4
9				6	6			2		
		6		6	3		3			
9					7	4		9	9	
7					2			9	9	2

6				3		9		4		
			3		9		9	9		9
	4		4			6	4			
	2	6	4	4						
	3		2					3		2
4				8	4		6			
7	7		7			4	4	4		
				4				8		
2	2			5	5	5	8			5
			1				5			3

2	2				5		3	6		
				3			6			3
	4					7			3	
	2	5		5	3		4			4
	3			5						5
	2			9				4	8	
				2	3	3	4	4		
	9	3		3		7			8	8
										7
	8	5							4	

		2							4	
		2	6	8		9		9		
				6		6	9			9
8		3		4			9	9	2	
2				2	6	6	8			
4		4					6	6		
			1					5		8
	2	4					2	4		2
3		4	4	4			9			2
	2		3					9		9

4			4	5		5	2			
7			9		5		9			
7					9		9	9	6	6
2		4	6	6						
4				6		4	8	8	8	
		3						7	2	
	9		7			5			5	
	2	9			1		6		2	
9	9		3	3	3				6	
9	9		5					4		2

					2				3	
	8				8	8	8			
	9	8	2		9					
	9	7			2		5	5		
			4	4				2	3	
7			4	4	5	7			2	
8		3				5			3	4
	8	6	6	7						
			6					3		2
3	3	3	6	6	1					5

2	2	7	7	7	5	5	4	4	4	4
7	7	7	2	2	5	5	5	3	3	3
7	9	9	9	3	3	3	4	4	4	4
9	9	9	9	2	2	7	7	7	7	3
4	4	9	9	4	4	4	7	7	7	3
4	2	3	3	4	2	2	6	6	6	3
4	2	3	7	7	3	3	3	6	6	6
7	7	7	7	7	6	6	6	2	2	3
9	9	9	9	9	3	6	6	6	3	3
9	9	9	9	3	3	5	5	5	5	5

9	9	9	2	2	3	3	3	5	5	5
9	9	9	9	9	2	2	5	5	4	4
9	4	4	4	4	7	7	3	3	3	4
5	5	5	5	5	7	7	7	7	7	4
3	3	3	6	6	6	6	5	5	5	5
2	2	4	5	5	6	6	3	3	3	5
4	4	4	5	5	5	1	4	4	4	4
5	5	5	3	2	2	5	5	5	5	5
4	4	5	3	4	4	7	7	7	7	7
4	4	5	3	4	4	7	7	3	3	3

9	9	2	2	9	9	9	9	9	9	9
9	9	3	3	3	5	5	5	9	9	2
3	9	2	2	5	5	4	4	4	4	2
3	9	9	6	6	6	6	6	3	3	3
3	9	9	6	4	4	5	5	5	5	9
2	2	1	4	4	7	5	7	7	9	9
4	4	4	2	2	7	7	7	7	9	9
4	2	2	5	5	5	5	5	3	9	9
3	3	3	2	2	6	6	6	3	3	9
1	2	2	4	4	4	4	6	6	6	9

5	5	5	5	4	4	5	5	3	3	3
5	2	2	4	4	5	5	5	6	6	5
3	3	3	2	2	6	6	6	6	5	5
2	5	5	5	5	5	7	7	7	5	5
2	6	9	9	9	9	7	7	7	2	2
6	6	5	5	9	9	9	7	8	8	4
6	6	6	5	5	5	9	9	8	8	4
8	8	8	8	8	2	2	8	8	4	4
2	2	8	8	4	4	6	6	8	8	2
3	3	3	8	4	4	6	6	6	6	2

9	4	4	4	4	8	8	8	8	6	6
9	9	9	9	5	5	8	8	8	8	6
9	9	9	9	3	5	5	5	6	6	6
4	4	4	4	3	3	4	4	3	3	3
5	5	5	5	5	4	4	6	6	6	6
2	2	9	9	9	9	6	6	3	3	3
1	3	9	9	9	9	9	5	5	5	5
3	3	2	2	3	3	3	2	2	3	5
4	4	4	4	6	6	6	6	6	3	3
5	5	5	5	5	6	5	5	5	5	5

2	2	4	4	4	4	3	3	3	4	4
4	4	3	3	5	5	5	5	5	4	4
4	4	3	4	4	4	4	9	8	8	8
7	7	7	7	7	9	9	9	8	8	8
5	5	7	7	4	4	9	9	8	8	3
5	5	5	8	4	4	9	9	9	3	3
2	2	8	8	2	2	8	4	4	2	2
6	6	6	8	8	8	8	4	4	6	6
6	6	6	3	3	3	6	6	6	6	2
3	3	3	4	4	4	4	3	3	3	2

2			7			5		4		
7			2		5		5	3		
7				3				4		4
		9		2				7	7	3
	4		9							
	2		3	4	2		6		6	
			7	7	3		3			
7	7		7	7					2	3
					3		6	6		
		9		3						5

		9	2			3	3		5	
					2				4	
	4	4	4	4	7	7	3			
			5						7	4
		3	6			6				
	2	4		5	6	6			3	5
				5			4	4		4
5			3	2		5	5			
			3	4	4	7				
	4	5			4			3		3

9	9	2								
9		3					5	9		
		2				4	4	4	4	2
		9							3	
3	9		6	4					5	9
2	2		4	4	7		7	7	9	
		4		2						9
4	2						5	3	9	
				2	6				3	
1		2		4				6		

	5							3		3
5		2	4		5				6	
3		3		2	6					5
2					5		7			
					9			7	2	2
				9			7			
		6			5		9		8	
				8	2				4	
	2	8	8		4	6			8	2
		3	8						6	

				4	8			8	6	
		9	9	5					8	
9					5	5	5			
4		4	4	3			4	3	3	
5				5						
		9	9	9	9		6	3	3	3
1		9	9		9	9				5
			2			3	2	2	3	
4			4				6			
				5	6	5				

	2		4		4	3			4	
	4	3		5		5		5		
			4			4	9	8	8	8
7				7		9		8		8
		7	7						8	3
		5	8		4	9				
	2				2	8	4	4		2
	6	6								6
					3	6			6	
3		3			4			3		2

5	5	5	5	5	7	7	7	7	8	8
3	3	3	2	2	1	7	7	7	8	8
6	6	6	6	3	2	2	8	8	8	8
6	6	9	9	3	3	7	7	7	7	7
3	3	3	9	9	9	9	9	9	9	7
1	2	2	5	5	2	2	3	3	3	7
4	4	5	5	5	7	7	5	5	5	5
4	4	7	7	7	7	7	3	3	3	5
3	3	9	9	9	9	9	6	6	6	6
3	9	9	9	9	2	2	6	6	2	2

2	2	6	6	6	3	3	3	2	2	6
6	6	6	2	2	5	6	6	6	6	6
2	2	3	3	3	5	5	5	5	7	7
9	9	9	2	2	6	3	3	3	7	7
2	2	9	9	6	6	2	2	7	7	7
6	6	9	9	6	3	3	3	4	4	4
6	6	9	9	6	6	2	2	4	2	2
6	6	5	5	4	4	4	4	7	7	7
5	5	5	8	8	8	8	8	7	7	7
2	2	8	8	8	5	5	5	5	5	7

3	3	3	2	2	3	7	7	2	2	4
4	4	6	6	6	3	3	7	4	4	4
4	4	6	6	6	2	2	7	7	7	7
3	3	3	9	4	4	4	4	5	5	5
4	4	4	9	9	9	9	5	5	3	3
4	3	3	3	2	2	9	9	9	3	4
7	7	7	7	3	3	3	9	4	4	4
7	7	7	6	6	6	2	2	6	6	6
4	4	6	6	3	3	3	5	6	6	6
4	4	6	4	4	4	4	5	5	5	5

2	2	3	2	2	8	8	8	8	2	2
6	6	3	3	7	7	7	8	6	6	6
6	6	7	7	7	7	8	8	6	6	6
6	6	4	4	4	4	8	4	4	4	4
2	2	5	5	5	5	5	8	8	8	8
4	4	2	2	3	9	9	8	8	8	8
4	4	5	3	3	9	9	4	4	4	4
2	2	5	5	5	5	9	9	3	3	3
8	8	8	8	8	8	9	5	5	5	2
8	8	4	4	4	4	9	9	5	5	2

6	2	2	5	5	7	7	7	7	7	7
6	6	6	5	5	5	4	4	4	4	7
4	4	6	3	9	9	2	2	3	3	3
4	4	6	3	3	9	6	4	4	4	4
5	5	5	5	5	9	6	6	6	6	6
3	3	3	9	9	9	7	7	7	2	2
2	2	9	9	3	4	4	7	7	7	7
6	6	2	2	3	3	4	4	6	2	2
6	6	3	3	6	6	6	6	6	3	3
6	6	3	2	2	5	5	5	5	5	3

6	6	6	6	6	8	8	8	8	8	2
2	2	6	3	3	3	4	4	8	8	2
4	4	4	4	8	8	4	4	8	4	4
3	3	3	8	8	5	5	5	5	4	4
2	2	8	8	8	8	5	6	6	6	6
8	6	6	6	2	2	6	6	9	9	2
8	6	6	6	9	9	9	9	9	9	2
8	8	4	4	9	6	6	6	3	3	3
8	8	4	4	2	2	6	6	6	2	2
8	8	2	2	3	3	3	4	4	4	4

Puzzle 193-198

5				5	7	7	7	7		
	3	3				7	7	7		
6			6			2	8			
6	6	9	9		3		7			7
					9		9		9	
1	2	2			2	2	3			
		5						5		
4		7							3	5
3		9	9							6
	9			9	2					2

	2				3			2		
		6	2		5	6				
	2	3						5	7	
	9		2				3			
2	2						2	7		
		9		6			3	4		4
		9	9		6	2				2
6			5	4						7
5				8				7		
	2		8		5					

		3	2	2	3	7			2	4
	4							4		
	4			6	2					
		3	9	4						
		4					5		3	
		3			2			9		4
	7		7		3	3				
7		7	6				2		6	6
4				3	3		5			
	4	6		4				5		5

2			2					8		2
6	6	3				7				6
		7			7			6	6	
					4	8		4		4
2	2				5			8		8
		2			9		8	8	8	8
4			3	3	9		4			
2	2				5		9	3		
					8			5		
	8			4			9		5	2

		2					7			
				5	5	4	4	4		7
	4		3		9	2	2			3
	4	6		3			4			4
				5		6				
		3				7			2	2
	2			3	4					
			2					6	2	2
				6						
	6	3	2			5				3

										2
	2	6	3		3		4			2
			4		8	4		8	4	
		3			5			5		
	2	8	8		8					6
8				2				9	9	2
8			6							
	8	4	4				6	3		
					2			6	2	
			2			3				4

2	2	5	5	5	2	2	6	3	3	3
3	3	3	5	5	8	6	6	6	2	2
9	9	9	2	2	8	6	6	3	3	3
9	9	7	7	7	8	8	8	8	8	8
9	9	7	4	4	4	4	5	5	5	5
9	7	7	7	6	6	6	3	3	3	5
9	6	6	6	2	2	6	6	6	4	4
6	6	2	2	5	5	5	5	5	4	4
2	6	3	3	3	4	4	4	4	2	2
2	4	4	4	4	6	6	6	6	6	6

3	3	3	4	4	4	4	9	5	5	5
2	2	5	5	5	5	5	9	9	5	5
3	3	7	7	7	7	7	7	9	9	9
3	2	2	7	8	8	8	8	9	9	9
5	4	4	4	4	5	5	8	8	5	5
5	5	6	6	5	5	5	3	8	8	5
5	5	6	6	3	3	2	3	3	5	5
2	2	6	6	3	1	2	7	7	7	4
1	5	5	5	5	3	7	7	7	7	4
2	2	5	2	2	3	3	2	2	4	4

4	4	5	5	5	5	5	6	6	2	2
4	4	7	7	7	7	4	4	6	6	6
2	2	7	7	7	4	4	3	3	3	6
3	3	3	5	5	2	2	4	4	4	4
4	4	4	4	5	3	3	3	2	2	6
2	2	3	3	5	5	6	6	6	6	6
6	6	3	4	4	4	4	5	5	4	4
6	6	6	6	3	3	3	5	4	4	1
9	9	9	9	9	9	5	5	3	3	3
9	9	9	6	6	6	6	6	6	2	2

2	2	8	8	8	8	5	5	5	5	5
4	4	8	8	3	3	2	2	7	7	7
4	4	8	8	3	7	7	7	7	9	9
7	7	7	7	4	4	9	9	9	9	9
7	7	7	4	4	3	3	3	9	9	3
6	6	1	5	5	5	5	5	2	2	3
6	6	4	2	2	6	4	4	4	4	3
6	6	4	4	4	6	6	8	8	8	8
8	8	2	2	6	6	6	8	8	8	8
8	8	8	8	8	8	5	5	5	5	5

7	7	7	2	2	4	4	4	4	2	2
7	7	7	7	1	2	2	5	5	5	3
8	8	8	8	8	3	3	3	5	5	3
8	8	9	9	8	9	9	7	7	7	3
4	4	9	9	9	9	9	7	7	7	7
4	4	2	2	5	5	5	5	5	2	2
8	8	8	9	9	9	9	9	3	3	3
8	9	9	9	5	9	5	5	5	5	5
8	8	3	3	5	7	7	7	7	4	4
8	8	3	5	5	5	7	7	7	4	4

4	4	5	5	5	5	3	4	4	7	2
4	4	5	8	8	3	3	4	7	7	2
2	2	8	8	7	2	2	4	7	7	7
8	8	8	8	7	7	7	7	5	5	7
3	3	3	2	7	2	2	7	3	5	5
5	5	5	2	4	4	4	4	3	3	5
5	5	3	3	3	7	7	6	6	2	2
8	8	7	7	7	7	7	6	6	6	6
8	8	6	6	6	4	4	4	4	3	3
8	8	8	8	6	6	6	2	2	1	3

2				5		2			3	3
3		3							2	
		9	2	2		6	6			3
9	9	7								8
	9		4			4		5		5
			7	6			3		3	
			6	2				6		
			2	5				5	4	
2	6	3				4			2	
	4					6		6		

		3			4		9	5		
2						5				5
							7			9
3	2	2						9		
5				4		5			5	
	5	6	6						8	
	5	6			3	2		3	5	
			6	3		2		7	7	
1	5		5			7			7	
		5	2		3		2			4

	4	5			5			6		2
					7			6		
2	2	7		7	4		3			
		3	5		2		4			
	4			5	3			2		
	2					6				
	6	3	4			4		5	4	
6			6	3	3			4		1
				9		5				
	9		6			6			2	

2	2				8	5				
		8	8	3			2			7
4		8	8		7					
7					4	9		9		9
			4		3	3		9		3
6	6	1						2	2	
	6	4	2	2	6	4		4		3
						6	8	8		8
8	8	2				6	8	8	8	
					8					5

7	7	7			4			4		2
	7	7	7	1			5		5	3
8					3		3	5		
8	8	9	9				7	7		
4			9	9	9	9	7	7		
4	4		2				5		2	
				9			9		3	
	9		9	5		5		5		5
	8		3	5					4	
				5	5	7			4	

4				5				4		
		5		8	3					2
2	2			7	2		4	7		
		8						5		
3		3	2			2	7	3		5
		5					4			
		3						6	2	
8	8	7				7	6		6	
			6		4			4	3	
8	8		8			6			1	

2	2	4	4	4	4	2	2	3	3	3
7	7	7	7	7	7	7	4	4	4	4
8	8	8	8	2	2	6	6	3	3	3
8	8	3	3	3	6	6	4	4	5	5
8	8	1	8	8	6	6	4	4	5	5
3	3	3	8	8	8	8	8	8	5	4
7	7	7	7	7	7	7	3	3	3	4
6	6	6	6	6	6	9	9	9	4	4
4	4	3	3	3	9	9	7	7	7	7
4	4	2	2	9	9	9	9	7	7	7

5	8	8	8	8	3	5	5	5	4	4
5	8	8	8	8	3	3	5	5	4	4
5	5	5	4	4	4	4	2	2	9	9
7	7	7	2	2	5	5	5	5	5	9
7	4	4	4	4	2	2	3	3	3	9
7	7	7	5	5	5	9	9	9	9	9
9	9	5	5	9	9	5	5	5	5	5
9	9	9	9	9	1	2	2	3	3	3
8	8	8	8	7	7	7	1	2	2	4
8	8	8	8	7	7	7	7	4	4	4

9	9	9	9	9	9	9	4	4	4	4
3	3	3	7	7	9	9	5	5	5	3
6	6	7	7	7	7	7	4	5	5	3
6	6	8	8	8	8	8	4	4	4	3
6	6	2	2	8	8	8	7	7	2	2
3	3	3	4	4	7	7	7	7	3	3
6	6	6	4	4	7	6	6	6	6	3
6	6	6	8	8	4	4	4	4	6	6
2	2	8	8	8	3	7	7	7	7	7
8	8	8	2	2	3	3	7	7	2	2

2	2	1	4	4	4	4	2	2	5	5
4	3	3	3	5	5	5	3	5	5	5
4	4	4	2	2	5	5	3	3	2	2
2	2	7	7	7	7	2	2	5	3	3
7	7	3	3	3	7	7	7	5	5	3
7	7	7	7	7	4	4	4	4	5	5
4	4	4	2	2	6	6	6	6	6	6
2	2	4	7	7	7	7	4	4	4	4
4	4	3	4	4	7	7	7	6	6	6
4	4	3	3	4	4	2	2	6	6	6

8	8	8	8	8	8	8	3	3	3	5
6	6	6	6	6	6	8	5	5	5	5
3	3	3	5	5	5	7	7	7	7	7
4	4	5	5	9	4	4	4	4	7	7
4	9	9	9	9	9	9	9	5	2	2
4	2	2	4	4	4	4	9	5	5	5
2	3	6	6	6	6	6	6	4	4	5
2	3	3	7	7	7	3	8	8	4	4
4	4	4	7	7	3	3	8	8	2	2
2	2	4	7	7	2	2	8	8	8	8

3	2	2	1	3	4	4	4	4	3	2
3	4	4	3	3	7	7	7	3	3	2
3	4	4	7	7	7	4	7	4	4	4
2	2	5	5	4	4	4	2	2	4	2
5	5	5	9	9	6	6	3	6	6	2
3	3	3	9	9	6	6	3	6	6	6
9	9	9	9	9	6	6	3	2	2	6
6	6	6	5	5	5	5	5	3	3	3
6	6	6	3	3	3	6	4	4	4	4
2	2	4	4	4	4	6	6	6	6	6

Puzzle 205-210

	2			4			2		3	
7						7	4			
		8			2			3		
		3		3					5	
	8			8		6	4	4		
		3						8	5	
						7		3		
					6			9	4	
	4			3			7	7	7	
			2							7

					3			5	4	
	8	8		8		3				
		5			4		2	2	9	
				2	5				5	
	4			4	2			3		
	7		5	5		9				9
	9	5	5			5				5
9					1			3		3
		8		7		7				4
8		8		7	7	7	7	4	4	4

										4
3		3	7	7	9		5		5	
		7	7		7	7		5	5	
					8	8		4		3
	6	2	2		8			7		2
3		3	4	4	7			7		
		6		4						3
								4		6
2	2									7
8			2			3	7			2

2		1			4		2			
4				5	5		3		5	
4	4	4	2		5	5			2	2
2						2				3
		3	3	3	7	7	7			
7				7	4				5	5
				2	6					
2		4			7		4			
			4	4			7	6	6	
4	4	3			4	2			6	

8					8				3	5
6			6			8				
3					5	7				7
4		5	5	9	4	4				
									2	2
		2			4	4	9			
							6			5
2	3	3			7	3		8		4
		4	7				8		2	2
2						2				

	2	2		3				4		
			3	3			7	3		2
3	4			7			7			4
2				4				2		2
5					6		3			
	3		9		6		3	6		
9					6		3	2		
	6		5		5			3		
	6	6		3		6	4			
	2				4	6				

3	3	3	4	4	3	4	4	4	4	1
2	2	4	4	3	3	5	5	3	3	3
6	6	6	6	6	6	5	5	5	2	2
5	8	8	8	8	2	2	4	4	4	4
5	8	8	3	3	3	5	5	5	5	5
5	8	8	2	2	4	7	7	7	7	7
5	5	3	3	3	4	4	4	7	7	6
9	9	9	9	9	3	3	3	6	6	6
9	7	9	9	9	4	4	6	6	3	2
7	7	7	7	7	7	4	4	3	3	2

4	9	9	9	9	2	2	4	4	4	4
4	4	4	9	9	6	6	6	7	7	7
7	7	9	9	9	6	6	6	7	7	7
7	7	7	7	7	5	5	5	7	5	5
2	2	5	2	2	5	5	8	5	5	5
5	5	5	4	4	4	4	8	8	8	8
5	6	6	6	6	3	3	9	8	4	4
8	8	3	6	6	3	9	9	8	8	4
8	8	3	3	9	9	9	9	9	9	4
8	8	8	8	4	4	4	4	3	3	3

8	8	8	8	8	8	4	4	4	4	2
4	4	4	4	8	8	3	3	3	1	2
3	3	3	6	6	6	6	6	6	5	5
2	2	4	4	4	4	7	7	7	5	5
8	8	8	7	7	7	7	9	9	9	5
8	8	8	1	8	8	8	8	9	9	9
8	8	6	6	6	8	8	8	9	9	9
2	2	6	6	6	8	4	4	2	2	6
5	5	5	5	5	4	4	6	6	6	6
4	4	4	4	3	3	3	6	3	3	3

4	4	4	8	8	8	2	2	5	5	5
2	2	4	8	2	2	3	3	3	5	5
8	8	8	8	5	9	9	9	9	6	6
4	4	2	2	5	9	9	6	6	6	6
4	4	5	5	5	9	3	3	3	4	4
8	8	8	2	2	9	9	2	2	4	4
8	8	8	8	8	2	2	3	3	3	6
6	6	2	2	4	4	4	4	2	2	6
6	6	4	4	3	3	3	6	6	6	6
6	6	4	4	2	2	5	5	5	5	5

2	2	8	8	8	8	2	2	3	3	3
5	5	5	5	5	8	8	8	8	5	5
6	6	6	6	6	2	2	5	5	5	4
6	9	9	9	9	9	9	9	8	8	4
2	2	8	8	6	6	9	9	8	8	4
3	3	8	8	6	6	6	6	8	8	4
3	8	8	8	8	4	4	4	4	8	8
4	4	4	4	7	7	7	7	3	3	3
9	9	9	9	9	7	7	5	5	5	5
9	9	9	9	1	7	4	4	4	4	5

4	4	4	3	3	3	4	4	4	4	8
2	2	4	2	2	8	8	8	8	8	8
3	3	3	9	9	9	9	9	9	9	8
2	2	5	5	5	5	5	6	6	9	9
3	3	3	4	4	4	4	6	6	6	6
8	8	8	8	2	2	3	3	9	9	9
8	8	7	7	7	7	3	9	9	9	9
8	8	7	7	7	2	2	6	6	9	9
3	3	3	4	4	4	4	6	6	6	6
9	9	9	9	9	9	9	9	9	2	2

	3		4	4		4	4		4	1
2	2				3	5	5			
6					6		5	5	2	2
	8				2				4	
	8		3		3	5				
	8		2		4	7				
5		3						7	7	
			9			3				
9	7		9		4	4	6		3	2
7								3		

	9				2	2		4		
	4		9					7	7	
		9	9	9	6	6	6	7		
7						5	5		5	5
	2	5	2	2	5	5		5		
	5					4	8		8	
5	6			6		3	9		4	4
	8		6	6	3					
	8	3		9						
			8			4		3		

	8		8							
			4	8	8	3	3	3	1	2
	3						6			
	2	4		4			7	7	5	
	8		7			7	9			5
	8					8	8			
		6	6	6			8			
2	2	6	6	6			4	2	2	
5					4	4	6			
4					3			3		

	4						2	5		
2	2		8	2				3		
		8						9	6	6
	4	2								
4	4	5						3	4	
			2	2		9		2	4	4
	8				2			3		
	6	2			4	4		2		
		4				3	6			
		4			2	5				

	2	8				2			3	
5										
6						2	5			
	9							8	8	
	2	8		6	6	9		8	8	4
	3	8		6						
			8		4			4	8	8
			4	7			7		3	
9	9	9	9	9	7	7		5		
9	9	9	9			4			4	

4					3			4		8
2			2	2		8				
	3			9						
2			5		5	5			9	9
3				4						6
8			8		2		3			9
	8	7	7		7	3		9	9	
				7		2	6	6		
3		3		4		4	6			6
	9								2	

8	8	8	8	5	5	5	5	4	4	1
8	8	8	8	3	3	3	5	7	4	4
7	7	7	7	4	4	4	4	7	7	7
7	7	7	3	3	3	2	2	7	7	7
3	3	3	5	2	2	4	3	5	5	5
5	5	5	5	4	4	4	3	3	5	5
4	4	4	4	9	9	9	9	9	2	2
5	5	5	5	5	9	9	9	9	3	3
4	4	4	4	7	7	7	7	5	5	3
2	2	3	3	3	7	7	7	5	5	5

8	8	8	8	4	4	8	8	8	8	8
4	4	8	8	4	4	5	5	8	8	8
4	4	8	3	3	3	5	5	5	3	3
2	2	8	9	9	9	9	9	9	9	3
4	4	4	4	6	5	5	9	9	4	4
9	9	2	2	6	6	5	5	5	4	4
9	9	3	3	3	6	6	6	3	3	3
9	9	9	9	9	2	2	8	8	8	8
3	3	3	2	2	3	3	8	8	8	8
5	5	5	5	5	3	5	5	5	5	5

8	8	8	8	8	8	3	3	3	4	4
4	2	2	5	5	8	8	2	2	4	4
4	4	4	5	5	5	6	6	3	3	3
2	3	3	3	6	6	6	4	4	2	2
2	5	5	5	6	7	7	7	4	4	3
3	3	3	5	5	7	7	4	2	2	3
4	4	2	2	7	7	6	4	4	4	3
4	4	6	6	6	6	6	8	8	8	8
5	5	5	5	5	2	2	8	8	8	8
4	4	4	4	3	3	3	4	4	4	4

5	5	5	3	3	9	9	9	9	9	2
5	5	8	3	9	9	8	6	9	9	2
2	2	8	8	8	8	8	6	6	8	8
9	9	3	3	3	8	6	6	6	8	8
9	9	5	5	5	5	5	8	8	8	8
9	9	9	9	9	6	6	6	4	4	5
5	5	5	5	5	6	6	6	4	4	5
3	3	3	9	9	2	2	3	3	3	5
9	9	9	9	9	1	4	4	4	4	5
9	9	8	8	8	8	8	8	8	8	5

8	8	8	8	3	3	3	4	4	4	4
8	6	6	6	2	2	5	5	5	5	5
8	6	6	6	7	7	3	3	2	4	4
8	8	4	4	7	4	4	3	2	4	4
3	3	4	4	7	7	4	4	3	3	3
3	2	2	7	7	3	3	3	2	2	5
4	4	3	3	3	1	2	2	5	5	5
4	4	8	8	8	3	3	3	5	2	2
3	3	3	8	8	8	2	2	3	3	3
4	4	4	4	8	8	5	5	5	5	5

3	3	3	5	5	5	2	2	4	4	4
2	2	5	5	2	2	4	4	5	5	4
9	9	9	3	3	3	4	4	5	5	5
9	9	9	9	9	9	3	3	3	7	7
7	7	7	7	7	7	2	2	7	7	7
6	6	6	6	7	8	8	8	8	7	7
6	6	2	2	8	8	2	2	3	3	3
3	3	3	8	8	3	3	3	2	2	1
4	4	6	6	2	2	4	4	3	3	3
4	4	6	6	6	6	4	4	2	2	1

								4		
8	8	8	8			3	5	7	4	4
				4			4			
7				3		2		7	7	
3		3		2		4	3	5		
5		5	5	4					5	
	4			9			9		2	
		5		5	9	9	9		3	
		4	4			7		5	5	
	2	3						5		

8						8				
			8	4	4			8		
	4			3			5		3	
	2	8	9						9	3
4			4	6	5					4
			2				5	5	4	
	9	3	3							3
					2				8	8
3		3	2			3		8		8
5										5

	8					3				
4	2		5	5			2			4
					5	6				3
	3							4		2
2	5			6		7	7			3
3	3			5	7				2	
		2				6			4	3
	4	6					8		8	
				5	2			8	8	
		4				3	4			4

5										
5		8	3	9				9	9	2
2						8		6		
9			3		8	6		6		
		5	5			5			8	8
					6	6	6	4		
5				5	6	6			4	
		3	9	9	2		3	3	3	5
					1					
	9	8					8	8	8	

	8		8	3						4
8			6	2					5	
8			6	7	7	3			4	
	8		4		4		3	2	4	
	3				7			3		
3	2		7					2		
	4		3		1		2			5
		8		8						2
3	3	3	8	8	8		2			3
	4			8	8					5

		3				2		4		
	2		5		2		4	5	5	
	9		3		3					
		9				3	3		7	
7	7				7		2	7	7	7
			6	7	8				7	7
			2				2			3
3		3			3	3				1
	4	6			2	4	4	3		3
					6					1

5	5	4	4	4	4	6	6	6	6	6
5	5	7	7	7	9	9	9	9	9	6
5	2	2	7	4	4	6	9	9	9	9
6	8	8	7	4	4	6	6	6	6	6
6	8	8	7	7	3	4	4	3	3	3
6	6	8	8	8	3	3	4	4	2	2
6	6	8	2	2	6	6	6	6	3	3
5	5	5	3	3	6	2	2	6	3	5
1	5	5	3	4	4	1	5	5	5	5
3	3	3	4	4	2	2	4	4	4	4

5	5	5	5	5	4	4	4	4	2	2
8	8	6	6	6	6	6	6	5	5	5
8	8	8	8	8	3	3	3	5	5	7
7	7	7	7	8	7	7	7	7	7	7
7	7	5	5	5	2	2	4	4	4	4
7	5	5	4	4	3	3	3	6	6	6
1	2	2	4	4	2	2	6	6	6	2
3	3	3	6	6	8	8	8	8	8	2
4	4	4	6	6	3	3	3	8	8	8
2	2	4	6	6	4	4	4	4	2	2

3	8	8	8	8	8	8	4	4	4	4
3	3	9	4	4	4	8	8	7	7	7
9	9	9	9	9	4	7	7	7	7	4
2	2	5	5	9	9	9	1	4	4	4
5	5	5	7	4	4	4	4	3	3	3
2	7	7	7	7	7	2	2	8	8	8
2	7	4	4	4	4	3	3	8	2	2
4	4	6	6	6	6	3	8	8	8	8
4	4	3	3	6	6	7	7	7	2	2
2	2	3	4	4	4	4	7	7	7	7

5	5	3	3	7	7	3	3	2	2	5
5	5	3	7	7	7	3	5	5	5	5
5	2	2	7	7	6	6	6	6	6	6
4	4	9	2	2	9	9	9	9	9	9
4	4	9	9	3	3	3	9	9	9	1
9	9	9	9	5	5	2	2	3	3	3
9	9	6	6	5	5	5	4	4	4	4
4	4	6	4	4	4	4	6	5	5	5
4	6	6	6	2	2	6	6	5	5	2
4	2	2	4	4	4	4	6	6	6	2

5	5	5	5	5	6	6	6	6	6	6
6	6	6	6	9	9	9	9	9	9	9
5	5	6	6	7	7	7	7	7	9	9
5	5	2	2	7	7	6	3	3	3	4
5	6	6	6	4	4	6	6	4	4	4
6	6	6	4	4	3	6	6	6	2	2
2	2	9	9	9	3	3	4	4	4	4
9	9	9	9	9	9	8	8	3	5	5
5	5	5	5	5	8	8	3	3	5	5
3	3	3	8	8	8	8	1	2	2	5

8	8	8	8	7	7	7	7	7	7	7
8	5	5	8	8	4	5	5	6	6	6
8	5	5	4	4	4	5	3	6	6	6
3	5	3	3	3	5	5	3	3	2	2
3	3	2	2	4	3	1	4	4	4	4
2	2	4	4	4	3	3	2	6	6	6
5	5	5	5	5	8	8	2	7	6	6
4	4	4	4	8	8	8	8	7	7	6
3	3	3	7	7	7	8	8	7	7	7
2	2	7	7	7	7	4	4	4	4	7

	5	4				6				
					9			9		6
5	2			4		6				9
	8			4						6
	8			7		4				3
6				8	3		4			2
		8	2			6	6	6	3	
5	5	5	3	3	6	2		6	3	
	5	5	3			1				
		3			2		4	4	4	4

5							4			2
		6	6				6			5
					3	3		5		7
7			7	8	7					7
	7			5		2		4		
				4			3	6		
		2		4		2				2
		3	6	6	8				8	
					3		3	8		
	2	4		6	4					2

	8							4		
	3	9		4				7		7
9						7				4
2					9	9	1	4		
	5		7					3		3
2				7	7	2	2			
	7	4		4		3			2	2
4						3	8	8		
4			3	6	6					2
2		3			4					7

	5	3		7					2	5
	5		7			3				
		2								6
	4	9	2		9			9	9	9
	4			3	3		9	9	9	
						2		3		
	9				5		4			4
	4		4		4	4				
	6		6	2	2			5	5	
4		2			4				6	2

				5					6	
		6	6							9
5			6					7	9	
	5		2	7		6		3		
5			6	4			6	4		
6			4		3	6			2	2
2										4
9			9			8	8		5	5
	5				8				5	5
		3	8				1	2		

										7
		5	8		4		5		6	
8			4	4			3	6		
				3	5	5		3	2	2
	3	2	2			1				
	2	4		4				6	6	6
		5			8	8	2		6	
			4	8	8		8			6
		3				8	8			7
	2			7					4	

3	5	5	5	7	7	7	7	2	2	4
3	3	5	5	7	7	7	3	3	3	4
5	5	2	2	9	6	6	2	2	4	4
5	5	3	3	9	6	6	1	3	3	3
5	2	2	3	9	9	6	6	5	4	4
9	9	9	9	9	5	5	5	5	4	4
3	3	3	7	7	7	7	7	7	7	2
4	4	4	4	5	5	4	4	4	4	2
3	3	3	5	5	5	9	9	3	3	3
2	2	9	9	9	9	9	9	9	2	2

3	3	3	4	4	4	4	3	3	4	4
8	8	5	5	5	5	5	3	4	4	6
8	8	7	7	7	7	7	6	6	6	6
8	8	7	7	3	3	3	6	7	7	7
8	8	4	4	4	4	2	2	7	7	7
4	4	3	5	5	3	3	3	2	2	7
4	4	3	3	5	5	5	4	4	3	3
7	7	7	4	4	2	2	4	4	3	8
7	7	7	7	4	4	8	8	8	8	8
4	4	4	4	2	2	8	8	3	3	3

7	7	7	4	4	2	2	8	8	8	8
5	5	7	4	4	3	3	3	8	8	8
5	5	7	7	5	5	5	7	7	7	8
5	4	4	7	2	2	5	7	7	4	4
4	4	1	3	3	3	5	7	7	4	4
3	3	3	9	9	9	9	9	3	3	3
5	5	5	5	5	9	9	5	5	2	2
8	8	8	8	9	9	5	5	5	3	3
8	8	8	8	3	3	3	4	2	2	3
5	5	5	5	5	2	2	4	4	4	1

3	3	3	4	4	6	6	7	7	7	2
5	5	5	4	4	6	6	7	4	4	2
4	4	5	5	6	6	7	7	7	4	4
4	4	9	9	9	9	4	4	3	3	3
9	9	9	9	3	3	3	4	4	7	7
9	3	2	2	5	5	5	5	5	7	7
3	3	4	4	4	4	2	2	7	7	7
8	8	5	5	5	5	4	4	4	4	5
8	8	6	6	6	5	2	2	3	5	5
8	8	8	8	6	6	6	3	3	5	5

2	2	7	8	8	8	8	8	8	8	8
7	7	7	7	7	7	6	6	6	6	2
5	5	5	5	8	8	6	6	8	8	2
5	7	7	7	7	8	8	8	8	5	5
7	7	7	4	4	4	4	5	5	5	8
9	9	9	7	7	7	7	7	7	7	8
9	9	9	9	9	6	6	6	6	8	8
6	6	6	6	9	6	6	8	8	8	8
6	6	5	5	3	5	5	5	4	4	4
5	5	5	3	3	5	5	3	3	3	4

4	4	2	2	3	3	3	6	6	6	4
4	4	3	4	4	4	4	6	6	6	4
7	7	3	3	2	2	6	2	2	4	4
7	7	9	9	9	6	6	6	3	3	3
5	7	7	7	9	9	9	6	6	2	2
5	5	3	9	9	9	3	3	3	4	4
5	5	3	3	5	5	5	5	5	4	4
4	4	4	2	2	9	9	9	9	9	9
2	2	4	3	3	3	9	9	3	3	9
3	3	3	5	5	5	5	5	3	2	2

3	5		5	7	7				2	
		5			7	7	3		3	4
5		2			6				4	
		3			6		1			
	2				9	6	6		4	4
9					5				4	
	3		7							2
		4	4		5	4				
3		3	5					3		
	2		9				9		2	

	3		4					3	4	
	8	5								6
		7						6		
		7	7	3			6			7
	8	4					2			
	4	3	5		3			2		
								4		3
7	7		4		2					8
7	7			4						
	4				2					3

7				4	2					
5		7	4		3					
	5				5		7		7	8
		4	7	2	2		7			4
		1						7	4	
		3	9	9			9	3		
5				5		9			2	
		8	8	9				5	3	
8	8				3		4	2		
5					2	2				

3							7			
5			4	4				4		2
4	4			6		7		7	4	
		9					4	3		3
9				3		3				
	3	2				5	5	5		
3		4			4	2				7
8			5			4			4	
		6		6			2	3		5
8				6	6		3			

2			8						8	
7										2
5			5	8		6	6	8		
	7			7			8			5
7		7			4		5			8
			7					7		
				9				6	8	
6			6			6	8	8		
	6	5	5	3		5		4		
				3			3			

		2			3					
4	4		4		4	4			6	
			3		2	6	2	2	4	
	7	9		9	6				3	
			7					6	2	
5	5							3	4	
	5		3	5				5		
			2							9
	2	4	3				9			
	3		5				5	3	2	

4	4	4	4	6	6	6	6	6	6	2
9	9	9	9	9	9	9	9	9	3	2
8	8	8	8	5	5	5	6	6	3	3
8	8	8	8	5	6	6	6	6	8	8
6	6	4	4	5	9	9	3	3	8	8
6	6	4	4	9	9	9	3	8	8	8
6	6	9	9	9	9	6	6	6	6	8
3	3	3	6	6	4	4	4	4	6	6
4	4	4	6	5	5	5	5	5	4	4
4	2	2	6	6	6	3	3	3	4	4

5	5	9	9	9	9	4	4	4	4	2
5	5	9	9	9	6	6	6	6	6	2
5	9	9	7	7	6	3	4	4	4	4
3	3	3	7	4	4	3	3	6	6	6
4	4	7	7	4	4	5	5	6	6	6
4	4	7	7	3	9	5	5	5	7	7
5	5	5	3	3	9	9	9	9	7	7
2	2	5	5	9	9	9	9	7	7	7
7	7	7	7	7	7	7	6	6	4	4
5	5	5	5	5	6	6	6	6	4	4

5	9	9	9	9	9	9	9	9	9	5
5	5	5	5	3	3	3	5	5	5	5
9	9	9	9	9	2	2	7	7	7	4
9	9	6	6	7	7	7	7	4	4	4
9	9	6	6	4	4	3	3	3	2	2
2	2	6	6	4	4	6	6	6	6	6
8	8	3	2	2	3	3	3	5	5	6
8	8	3	3	4	4	4	4	3	5	5
8	8	6	6	6	6	6	6	3	3	5
8	8	3	3	3	4	4	4	4	2	2

8	8	6	6	6	2	2	5	5	2	2
8	8	6	6	6	3	3	3	5	5	5
8	8	8	8	5	5	7	7	7	7	7
4	7	7	7	7	5	5	5	7	4	4
4	4	4	7	7	7	4	4	7	4	4
7	7	7	2	2	4	4	6	6	6	6
7	7	7	7	8	8	8	8	8	8	6
3	3	3	4	4	8	8	3	3	3	6
2	2	4	4	7	7	7	5	5	5	5
1	7	7	7	7	2	2	3	3	3	5

4	4	3	2	2	3	3	3	4	4	4
4	4	3	3	8	5	5	5	5	5	4
8	8	8	8	8	8	8	7	7	7	7
5	5	5	5	5	2	2	5	5	7	7
3	3	3	4	4	4	4	5	5	5	7
5	5	5	5	2	2	3	3	3	9	9
5	2	2	3	3	3	9	9	9	9	9
3	3	4	4	4	4	7	6	6	9	9
3	7	7	7	7	7	7	6	6	6	6
9	9	9	9	9	9	9	9	9	2	2

2	7	7	7	7	7	7	5	5	5	5
2	5	5	5	5	5	7	3	3	3	5
3	4	4	4	6	4	4	4	4	8	8
3	2	2	4	6	6	6	6	6	8	8
3	8	8	2	2	7	7	8	8	8	8
8	8	8	8	8	8	7	7	9	9	9
2	2	4	2	2	5	5	7	7	7	9
4	4	4	7	7	5	5	5	3	3	9
2	2	7	7	8	8	8	8	3	9	9
7	7	7	2	2	8	8	8	8	9	9

Puzzle 235-240

			4						6	2
							9			
	8	8	8			5	6	6	3	3
							6	6		
6	6	4	4			9		3	8	
				9		9				
		9		9	9		6		6	
3	3				4			4		6
	4			5	5					
	2	2			6	3				4

		9							4	
			9						6	2
5	9		7		6	3		4	4	4
3		3		4		3	3			
		7		4	4			6		6
4		7		3	9	5				7
5						9	9		7	
2	2				9		9	7		
						7		6	4	
				5		6			4	

									9	
		5			3	3		5		
9				9	2				7	
			6	7			7		4	
	9	6	6	4	4		3		2	2
2	2									
		3	2				3			6
		3	3	4			4			
				6			6		3	5
	8	3				4			2	

					2			5	2	
	8	6	6		3		3			
			8	5		7				7
4			7		5		5	7		4
4	4	4		7		4		7		
			2	2			6			
	7			8						
3	3	3		4	8	8	3	3		
				7	7					
1			7		2		3			5

	4	3	2		3				4	
				8	5				5	
8						8				7
	5			5	2		5	5	7	7
3						4	5	5		
					2			3	9	
5	2				3					
					4	7	6	6		
3									6	6
								9		2

2	7						5			
	5						3			
		4		6			4			
		2		6	6		6	6		
3	8			2	7		8			
8							7	9		
2		4		2	5					
4				7		5		3		
	2			8		8	8		9	
				2						

4	4	6	6	6	8	8	8	8	8	8
4	4	2	2	6	6	8	8	3	4	4
2	2	5	5	5	6	2	2	3	3	4
7	7	7	5	5	9	9	9	2	2	4
7	7	4	4	3	9	9	9	9	9	9
7	7	4	4	3	3	5	5	5	5	5
5	5	5	5	4	4	4	4	3	3	3
3	3	5	3	5	5	3	3	7	7	7
3	4	4	3	3	5	3	7	7	4	4
4	4	1	2	2	5	5	7	7	4	4

4	4	4	8	8	8	8	1	4	4	9
4	2	2	8	8	8	8	4	4	9	9
9	9	9	9	5	5	5	5	5	9	9
2	4	4	9	3	3	3	9	9	9	9
2	4	4	9	9	9	9	6	3	3	3
6	6	6	6	7	7	7	6	6	6	6
6	6	7	7	7	7	8	2	2	3	6
3	3	3	8	8	8	8	8	8	3	3
4	4	2	3	3	8	3	3	5	5	2
4	4	2	3	2	2	3	5	5	5	2

5	5	3	3	2	2	3	3	6	6	6
3	5	3	7	7	7	7	3	6	6	6
3	5	5	7	7	7	5	5	5	5	5
3	2	2	8	8	8	8	4	2	2	1
9	9	9	8	8	6	6	4	4	4	2
9	9	8	8	6	6	6	3	3	3	2
9	9	7	7	7	6	2	2	6	6	4
9	9	7	7	7	7	6	6	6	6	4
3	3	3	4	4	4	3	3	3	4	4
5	5	5	5	5	4	5	5	5	5	5

7	7	7	7	7	2	2	9	9	9	9
4	4	4	4	7	7	9	9	9	9	9
3	3	3	6	6	8	8	8	8	3	3
6	6	6	6	7	7	8	8	2	2	3
2	4	4	3	7	7	8	8	3	6	6
2	4	4	3	3	7	7	7	3	3	6
3	3	3	8	8	3	3	3	6	6	6
2	2	8	8	8	8	5	4	4	4	4
3	3	8	8	6	6	5	5	3	3	3
3	6	6	6	6	2	2	5	5	2	2

8	8	8	8	7	7	6	6	6	2	2
8	8	8	8	7	7	7	6	6	6	4
9	9	9	9	2	2	7	7	4	4	4
7	7	7	9	9	9	5	5	5	5	5
7	7	7	7	9	9	3	4	4	4	4
8	8	8	8	2	2	3	3	7	7	7
8	8	8	8	3	4	4	4	4	7	7
6	6	6	6	3	3	5	5	5	7	7
6	8	8	6	2	2	5	5	4	4	4
8	8	8	8	8	8	2	2	4	2	2

2	2	9	9	2	2	4	4	4	4	6
9	9	9	9	9	9	6	6	6	6	6
9	6	6	6	6	3	5	5	5	8	8
3	3	3	6	6	3	3	5	5	8	8
2	2	5	5	5	2	2	8	8	8	8
4	4	4	5	5	3	5	5	5	5	5
2	2	4	2	2	3	8	8	8	8	8
5	5	5	5	5	3	2	2	8	8	8
4	4	4	4	7	7	7	7	7	7	2
3	3	3	1	7	5	5	5	5	5	2

Puzzle 241-246

4				6	8					8
4	4		2			8				
	2	5		5		2			3	4
7			5	5		9		2		
				3	9	9				
7	7	4			3	5				
5						4		3		
	3	5	3	5						7
	4		3	3		3	7			4
		1				5		7		

			8	8	8				4	
4	2		8	8	8	8	4	4		9
9								5		
		4				3				9
2	4					9	6			3
6			6			7				
	6			7		8	2		3	6
		3	8						3	
	4	2			8	3	3			
		2	3		2	3			5	2

			3	2	2					
		3			7		3	6		6
3		5		7		5				5
		2	8			8	4			1
		9		8	6	6	4	4		
						6	3			
		7	7	7	6		2	6		
		7				6	6		6	
3		3	4					3	4	
		5			4	5				

7					2		9			
4										
	3					8		8	3	3
6				7	7	8		2	2	
2				7		8				
2		4		3		7		3	3	
		3		8			3	6		
2							4			
3				6	6	5		3		
	6			6	2				2	

			8		7	6				2
	8	8	8							4
	9				2			4	4	
7	7	7			9	5	5			
7	7		7					4	4	4
	8			2	2		3		7	
		8				4	4	4		
					3	5				
6		8	6		2				4	4
8			8			2		4	2	

2			9	2		4				
		9		9		6				
				6	3	5		5	8	
		3		6			5			
	2	5		5	2					8
				5	3	5		5		5
	2	4		2						8
5		5		5			2	8		
4							7		7	2
3									5	

3	3	3	8	8	8	8	8	8	5	5
4	4	8	8	4	4	3	3	5	5	5
4	4	5	5	4	4	3	4	4	4	4
3	3	3	5	5	5	7	7	7	2	2
8	8	8	3	3	3	7	7	7	7	4
2	2	8	8	8	5	5	5	5	5	4
9	9	8	8	1	7	7	7	7	4	4
4	9	9	9	9	9	9	9	7	7	7
4	7	7	7	3	3	3	2	2	3	3
4	4	7	7	7	7	4	4	4	4	3

2	2	5	5	8	8	8	8	4	4	4
5	5	5	8	8	8	8	3	3	3	4
2	2	6	6	6	4	4	4	2	2	1
4	4	6	6	6	4	3	3	3	4	4
4	4	2	2	5	5	5	5	5	4	4
6	6	4	4	9	9	9	9	9	9	9
6	6	4	4	8	8	5	5	5	9	9
6	6	3	3	3	8	8	5	5	3	3
4	4	6	6	6	6	8	8	8	8	3
4	4	3	3	3	6	6	4	4	4	4

2	2	6	6	6	3	8	8	8	8	4
3	3	6	6	3	3	8	8	4	4	4
3	2	2	6	2	2	8	8	5	5	5
4	4	4	4	6	6	6	5	5	2	2
5	5	5	5	5	6	6	4	4	4	4
2	2	1	2	2	6	7	7	3	3	3
4	4	4	4	3	7	7	7	7	4	4
6	6	6	6	3	3	4	4	7	4	4
6	6	8	8	8	4	4	8	8	8	8
8	8	8	8	8	2	2	8	8	8	8

3	3	3	5	2	2	1	3	5	5	5
4	4	6	5	5	5	5	3	3	5	5
4	4	6	6	6	6	6	4	4	4	4
7	7	9	9	9	9	2	2	3	3	3
7	7	7	7	7	9	9	9	6	6	6
9	9	9	9	2	2	9	9	6	6	6
9	9	9	3	3	3	8	8	8	8	8
9	9	4	5	5	5	4	4	8	8	8
2	2	4	4	5	5	4	4	3	3	3
3	3	3	4	7	7	7	7	7	7	7

5	5	5	5	5	7	7	7	7	7	2
4	4	6	6	4	4	4	4	7	7	2
4	4	6	6	5	5	5	5	3	3	3
2	2	6	6	5	2	2	4	4	4	4
9	9	9	4	4	6	3	3	3	2	2
9	9	9	4	6	6	6	6	6	3	3
9	9	9	4	2	2	4	4	4	4	3
7	7	7	7	7	7	7	3	3	3	5
5	5	5	5	4	4	4	4	6	5	5
3	3	3	5	6	6	6	6	6	5	5

4	4	5	5	5	5	5	7	2	2	3
4	4	3	3	3	6	6	7	7	3	3
2	2	6	6	6	6	4	7	7	2	2
1	3	3	3	4	4	4	7	7	5	5
7	7	7	7	7	7	7	3	3	5	5
8	8	8	8	5	2	2	3	7	7	5
8	8	8	8	5	5	3	7	7	8	8
4	7	7	7	5	5	3	3	7	8	8
4	4	4	7	7	4	2	2	7	7	8
3	3	3	7	7	4	4	4	8	8	8

3								8	5	5
4			8		4		3			
				4					4	4
3		3			5			7	2	
8					3		7		7	
2			8	8					5	4
9		8	8							
	9		9		9		9			7
				3	3		2			
	4	7				4				3

2				8			8	4		
		5	8			8	3			
	2	6	6	6			4	2		
	4		6					3		4
4	4		2					5		
										9
	6	4	4		8			5	9	9
6	6	3				8		5	3	3
		6						8		
	4	3					4			

2					3				8	4
	3	6		3						
		2		2						5
		4	4	6		6	5			2
5				5						4
		1				7		3		
4	4		4	3	7			7	4	4
	6		6	3				7	4	
6	6		8			4			8	
8			8			2	8		8	

3			5	2						
4		6						3	5	5
	4									4
	7	9					2	3		3
		7	7			9	9			6
	9		9	2	2		9			
				3			8		8	8
9		4	5		5		4	8	8	8
2					5	4				3
3			4							7

5									7	
	4	6	6				4		7	2
		6					5	3		3
2	2			5	2				4	
			4			3		3	2	2
				6						
		9	4	2		4				3
7				7		7	3			
			5	4				6		
3		3		6						5

4						5	7	2		3
				3	6	6		7		
2	2						7			2
1						4	7			5
7		7				7	3			5
				5		2			7	
	8			5			7	7	8	
4	7		7	5	5	3				
		4				2	2	7	7	
	3			7			4			8

4	2	2	8	8	8	2	2	6	6	2
4	4	4	8	8	8	8	8	6	3	2
2	2	6	6	4	4	6	6	6	3	3
6	6	6	3	3	4	4	5	5	5	5
6	2	2	3	6	6	6	6	6	6	5
3	3	3	2	2	5	5	5	5	4	4
4	4	7	7	7	7	2	2	5	4	4
3	4	4	6	6	7	7	7	3	3	3
3	3	6	6	8	8	8	8	4	4	4
2	2	6	6	8	8	8	8	2	2	4

8	8	4	4	2	2	4	4	4	4	2
8	8	5	4	4	7	7	7	7	7	2
8	8	5	5	2	2	3	3	3	7	7
8	8	4	5	5	6	6	2	2	4	4
3	3	4	4	4	6	6	6	6	4	4
2	3	8	8	8	4	4	4	4	2	2
2	8	8	8	8	2	2	3	3	3	4
3	3	3	5	8	6	6	6	4	4	4
4	4	4	5	5	3	3	6	3	3	3
4	3	3	3	5	5	3	6	6	2	2

3	3	3	2	2	3	3	3	4	4	4
2	2	6	6	6	6	4	4	2	2	4
8	8	8	8	6	6	4	4	3	3	3
4	4	8	8	8	8	6	6	6	6	2
4	4	3	3	2	2	6	2	2	6	2
2	2	3	4	4	4	4	3	3	3	5
7	7	7	7	7	7	7	5	5	5	5
4	4	4	4	5	2	2	4	4	4	4
7	7	7	7	5	5	5	5	3	3	1
3	3	3	7	7	7	2	2	3	2	2

9	9	9	9	9	9	5	5	4	4	4
9	9	9	4	4	4	5	5	3	3	4
7	7	7	4	2	2	5	8	8	3	1
7	7	7	8	8	8	8	8	8	2	2
9	9	7	3	3	3	7	7	7	7	1
9	9	9	9	9	9	9	7	7	7	6
7	7	7	5	5	5	5	6	6	6	6
7	7	7	5	8	8	3	5	5	5	6
5	5	7	2	8	8	3	3	4	5	5
5	5	5	2	8	8	8	8	4	4	4

4	4	4	4	3	3	3	6	6	6	6
8	8	8	8	2	2	6	6	3	3	3
8	8	4	4	4	4	2	2	8	8	8
8	8	9	9	9	9	8	8	8	8	8
6	6	6	9	9	9	5	5	5	5	5
6	6	6	7	9	9	2	2	3	3	3
2	2	4	7	7	3	3	3	2	2	1
4	4	4	7	7	7	7	4	4	4	4
6	6	6	4	4	4	5	5	5	5	5
6	6	6	4	7	7	7	7	7	7	7

8	8	8	2	2	6	6	6	6	6	6
8	8	8	8	8	2	2	5	5	5	5
6	6	6	6	5	5	5	3	3	3	5
4	4	6	6	2	2	5	5	4	4	2
4	4	2	2	4	9	9	9	4	4	2
2	2	4	4	4	9	9	9	3	3	7
4	4	5	5	5	5	9	9	3	7	7
4	4	5	2	2	6	9	4	4	7	7
8	8	8	8	6	6	4	4	3	7	7
8	8	8	8	6	6	6	3	3	2	2

Puzzle 253-258

		2					2			
4		4					8	6		2
	2		6							3
					4					
6	2	2	3	6		6			6	5
		3	2		5					
4			7			2		5	4	4
	4	4		6			7			3
3				8	8	8				
2							8		2	4

		4			2	4				2
		5		4		7				
					2	3				
	8	4	5		6	6	2		4	
	3	4		4				6		
2		8	8			4			2	2
						2	3		3	
3	3		5					4	4	4
								3		
4	3				5	3	6		2	

3			2				3	4		
2		6				4		2		
8				6	6		4	3		
4	4				8		6			
	4		3		2			2	6	2
	2					4		3		5
7	7					7	5		5	
			4	5	2		4		4	
7						5				1
3						2				2

					9	5	5		4	4
9	9	9	4		4		5			4
			4		2		8	8		1
	7		8				8	8	2	
	9	7			3	7		7		
9		9			9		7	7	7	
				5	5		6			
	7		5				5			6
5	5				8		3	4		5
		5	2	8			8			

	4			3						
8	8		8		2		6	3		
				4		2		8	8	
8	8	9		9	9	8				
		6	9			5				5
6				9		2		3	3	
2							3			1
4		4				7	4			4
6				4		5				5
			4							7

		8	2		6					
8					2		5			5
6			6					3	3	
4		6			2		5			
4		2					9		4	2
2		4			9				3	
	4		5				9	3		
4	4		2	2				4		
		8	8				4		7	
			8			6	3		2	

2	2	1	3	4	4	3	2	2	6	6
4	4	3	3	4	4	3	4	4	6	6
4	4	2	2	6	6	3	4	4	6	6
2	2	6	6	6	6	9	9	9	9	2
5	5	5	5	5	9	9	9	9	9	2
8	8	8	8	4	3	4	4	4	4	7
8	8	4	4	4	3	3	7	7	7	7
8	8	5	5	5	5	4	4	7	7	4
2	2	5	6	6	6	4	4	3	3	4
3	3	3	6	6	6	2	2	3	4	4

4	4	2	2	6	6	6	4	4	4	4
4	4	3	3	6	6	6	5	5	6	6
2	2	3	8	8	8	8	5	5	5	6
4	4	9	9	8	8	8	8	6	6	6
4	4	9	9	9	9	9	9	9	2	2
7	7	7	5	5	5	3	5	5	5	5
7	7	7	5	5	3	3	2	2	5	3
7	6	6	2	2	9	9	9	9	9	3
6	6	5	5	9	9	9	9	6	6	3
6	6	5	5	5	6	6	6	6	2	2

4	4	3	5	5	2	2	8	8	8	8
4	4	3	3	5	5	5	8	8	8	8
2	2	1	9	9	9	9	9	9	2	2
8	8	8	3	9	9	9	6	6	6	6
8	8	8	3	3	4	4	4	4	6	6
8	8	7	2	2	9	9	9	9	9	9
2	2	7	7	5	5	5	4	4	9	9
4	4	7	7	7	7	5	5	4	4	9
4	4	3	3	3	6	6	6	6	6	6
5	5	5	5	5	3	3	3	2	2	1

4	4	4	4	1	3	3	4	4	4	4
5	5	5	5	5	6	3	7	7	7	7
2	2	6	6	6	6	6	7	7	7	8
8	8	8	8	8	3	3	3	8	8	8
2	2	8	8	8	2	2	8	8	8	8
3	3	3	6	6	3	3	3	5	5	5
6	6	6	6	4	4	4	4	5	5	4
4	4	8	8	8	8	2	2	4	4	4
4	4	8	8	8	8	6	6	6	6	2
2	2	4	4	4	4	2	2	6	6	2

4	4	4	4	7	8	8	4	4	4	4
7	7	7	7	7	8	8	8	8	8	8
7	6	6	6	4	4	3	6	6	4	4
9	6	6	6	4	4	3	6	6	4	4
9	9	9	2	2	6	3	9	6	6	9
9	2	2	3	6	6	6	9	9	9	9
9	9	3	3	2	2	6	6	9	9	9
9	9	5	5	4	4	4	4	6	6	6
3	3	5	7	7	7	7	7	6	6	2
3	5	5	7	7	4	4	4	4	6	2

4	4	2	6	6	6	6	6	5	5	5
4	4	2	6	9	9	9	9	5	5	3
2	2	1	5	9	9	9	9	9	3	3
3	3	3	5	5	5	5	4	4	4	4
2	4	4	4	4	3	3	3	2	2	5
2	5	5	5	5	5	4	4	4	4	5
4	4	8	8	8	8	8	3	3	3	5
4	4	8	8	8	3	3	2	2	5	5
6	6	6	9	9	3	9	9	4	4	4
6	6	6	9	9	9	9	9	2	2	4

		1		4	4	3	2	2		
4	4			4						
4	4		2	6		3		4	6	
2		6			6			9	9	
5							9	9	9	2
8							4		4	
	8	4				3			7	
8			5		5		4			
2		5				4	4		3	
3				6		2		3	4	

			2				4	4		
4	4		3		6				6	
2		3	8		8	8	5			
			9	8			8	6		
4	4	9				9			2	2
							5			
		7	5	5	3			2	5	3
		6		2	9					
6		5		9		9	9			
					6				2	

4	4		5			2				
4	4	3				5			8	
		1					9	9	2	
8	8		3							6
8	8	8		3	4	4	4	4		
8	8		2		9					9
	2			5	5		4		9	9
	4		7				5		4	
4	4		3	3	6				6	
		5			3					1

4							4		4	4
5						3		7		
2		6				6				8
			8				3	8	8	
2			8			2				
3						3		5		5
6				4			4	5	5	
							2			4
4	4	8	8	8	8		6		6	2
2			4			2				

4						8		4		
7					8		8			
	6	6	6		4	3	6	6	4	4
9	6		6				6	6	4	
	9			2		3			6	
9	2						9			
	9		3		2	6		9		
		5	5		4		4	6		6
	3					7		6		2
	5					4		4	6	

4	4				6		6			
4	4		6				9		5	3
2		1	5	9	9	9			3	
						5	4			
2	4			4	3		3	2		
				5			4			
		8	8			8	3			
4		8		8	3		2		5	
6			9	9		9	9	4		
			9				9	2		

3	3	3	4	4	4	4	2	2	5	5
8	8	8	8	6	6	6	6	6	5	5
8	8	8	8	6	3	3	3	2	2	5
9	9	9	9	9	9	9	9	9	3	3
3	3	5	5	2	2	1	2	2	3	1
3	5	5	5	3	3	3	4	4	4	2
6	4	4	4	4	2	2	4	8	8	2
6	6	6	6	6	8	8	8	8	5	5
5	5	3	3	3	8	2	2	8	5	5
5	5	5	2	2	3	3	3	2	2	5

2	6	2	2	9	9	9	9	3	3	3
2	6	6	9	9	9	9	4	4	4	4
4	4	6	6	6	9	3	6	6	6	6
4	4	9	9	9	4	3	3	6	6	7
2	2	9	9	9	4	4	4	7	7	7
3	3	3	9	9	9	5	5	7	7	7
4	4	9	2	2	5	5	5	4	4	4
4	4	9	9	9	2	2	3	6	6	4
9	9	9	9	9	1	3	3	4	6	6
4	4	4	4	2	2	4	4	4	6	6

7	7	7	7	5	5	2	2	3	3	3
7	5	7	7	5	5	5	7	7	7	7
5	5	5	5	8	8	2	2	7	7	7
4	8	8	8	8	8	3	3	3	4	4
4	8	5	5	5	5	5	6	6	6	4
4	4	7	4	4	4	4	6	6	6	4
7	7	7	5	5	5	5	5	2	2	8
7	9	9	9	9	9	9	9	9	9	8
7	7	5	5	6	6	6	6	8	8	8
5	5	5	3	3	3	6	6	8	8	8

4	4	3	4	4	4	4	5	8	8	8
4	4	3	3	5	5	5	5	8	8	2
5	5	5	5	6	6	6	4	4	8	2
5	4	4	4	4	6	6	4	4	8	8
8	8	8	8	8	6	5	5	5	5	5
8	8	8	3	3	3	8	8	8	8	8
5	5	5	5	5	8	8	8	4	4	4
3	3	3	2	2	5	5	3	3	3	4
4	4	2	4	4	7	5	5	5	2	2
4	4	2	4	4	7	7	7	7	7	7

4	4	4	4	8	8	5	5	2	2	4
2	2	8	8	8	5	5	5	4	4	4
4	4	4	4	8	8	8	2	2	8	8
7	7	7	7	7	7	7	8	8	8	8
4	4	9	9	9	9	5	5	8	8	3
4	4	9	9	9	9	9	5	5	3	3
9	9	6	6	6	6	6	6	5	4	4
9	9	9	2	2	8	8	8	8	4	4
9	9	9	3	8	8	8	8	3	3	3
9	2	2	3	3	6	6	6	6	6	6

6	6	6	5	5	5	5	4	4	4	1
6	6	6	4	4	3	5	4	3	3	3
9	9	9	4	4	3	3	2	2	4	4
9	9	9	9	5	5	5	5	5	4	4
9	9	8	6	6	6	2	2	7	7	7
8	8	8	8	8	6	6	6	2	2	7
4	8	8	5	5	5	5	5	7	7	7
4	4	4	3	3	3	2	2	4	4	4
6	6	6	6	6	6	7	7	7	7	4
8	8	8	8	8	8	8	8	7	7	7

	3			4				2	5	5
8	8	8		6	6			6	5	
		8		6			3		2	
9								9		
	3	5				1				1
3		5	5	3		3		4	4	
				4	2		4		8	
				6					5	5
	5			3	8		2			
				2	3			2		5

2			2			9		3		
		6					4			
		6	6	6			6			
	4						3	6	6	
	2			9			4	7	7	
		3	9		9		5	7	7	7
	4	9	2							4
			9	9	2	2	3		6	
9			9					4		6
4										

	7						2	3		
7	5	7	7	5		5	7		7	
							2			7
4	8	8			8	3	3			4
						5	6		6	
		7	4	4	4	4			6	
	7				5				2	8
	9		9						9	
	7			6						
5				3		6	6	8		

				4	4	4		8		
4	4	3			5			8		
			5	6		6	4			2
5	4							4	8	8
	8				6	5				
8	8	8	3		3					
		5			8		8	4		
3		3	2				3		3	4
	4	2		4	7	5				2
										7

	4					5	5		2	4
	2	8			5	5				
	4		4					2		8
	7		7			7	8			8
	4			9	9	5		8	8	3
4	4								3	
		6	6	6	6		6			
			2							4
9			3			8	8	3		3
	2	2		3				6		

		6	5			5				
			4			5	4	3		
9	9	9		4		3		2	4	
								5		
9		8					2		7	
8			8	8			6	2	2	
	8	8		5						
		4	3		3	2	2	4		4
				6				7	7	
8							8			

Lösungen - Solutions: Puzzle 271-276

3	3	3	5	9	9	9	9	6	6	6
5	5	5	5	9	9	3	3	6	6	6
2	2	4	4	8	9	3	8	8	8	8
1	3	4	4	8	9	9	8	8	8	3
3	3	8	8	8	3	3	8	2	2	3
2	2	8	8	8	3	2	2	4	4	3
4	4	2	4	4	4	3	3	3	4	4
4	7	2	4	6	6	9	9	5	5	5
4	7	7	7	7	6	9	9	9	5	5
2	2	7	7	6	6	6	9	9	9	9

5	5	3	3	3	4	4	6	6	6	2
5	5	5	2	2	4	4	6	6	6	2
7	7	8	8	8	8	8	8	3	3	3
7	7	5	5	5	8	8	4	4	4	4
7	7	5	5	3	3	5	5	5	5	5
5	7	2	2	3	2	2	4	4	4	4
5	4	4	4	4	3	3	3	7	7	7
5	3	3	3	8	2	2	7	7	7	7
5	5	4	4	8	8	8	8	8	8	8
3	3	3	4	4	2	2	4	4	4	4

4	4	3	3	3	9	9	9	9	9	1
4	4	5	5	5	5	5	9	9	9	9
7	7	7	7	2	2	3	3	3	2	2
7	7	7	5	5	5	5	5	7	7	7
5	5	5	6	6	6	6	7	7	7	7
9	5	5	6	6	2	2	4	4	4	4
9	9	9	4	4	8	8	8	8	8	8
9	9	9	4	4	7	7	8	2	2	8
9	9	6	6	7	7	7	7	5	4	4
6	6	6	6	7	5	5	5	5	4	4

1	3	4	4	3	3	2	2	1	2	2
3	3	4	4	3	4	4	4	4	5	5
6	6	6	6	6	6	5	5	7	7	5
2	4	4	4	4	5	5	5	7	7	5
2	3	3	3	7	8	8	8	8	7	5
4	4	7	7	7	8	8	8	8	7	7
4	4	6	7	7	7	3	3	3	2	2
3	6	6	6	6	6	5	5	5	5	5
3	3	4	4	4	4	2	2	3	3	3
2	2	5	5	5	5	5	4	4	4	4

4	4	4	4	3	3	3	8	8	8	8
9	9	8	8	7	7	7	7	8	8	8
9	9	9	8	8	7	7	7	8	2	2
9	9	8	8	8	8	5	5	3	3	3
9	9	4	4	4	4	6	5	5	5	8
1	3	1	6	6	6	6	6	8	8	8
3	3	4	4	7	7	4	4	3	8	8
6	6	4	4	7	7	4	4	3	3	8
6	6	6	2	2	7	7	7	2	2	8
6	4	4	4	4	2	2	4	4	4	4

8	8	4	4	4	4	6	6	6	9	9
8	8	8	3	3	3	6	6	6	9	9
4	8	8	8	2	2	9	9	9	9	9
4	4	4	3	3	3	7	7	7	7	4
3	3	3	5	5	5	7	3	7	7	4
7	7	7	5	5	2	2	3	3	4	4
7	7	7	7	6	6	6	8	8	8	8
9	9	9	9	6	6	6	8	8	8	8
3	3	3	9	9	9	5	5	5	5	5
2	2	9	9	3	3	3	4	4	4	4

	3		5				9		6	
5	5				9	3			6	
		4	4	8			8	8		8
1		4								
		8	8	8		3		2	2	
2	2	8		8	3		2			3
4		2	4		4	3				4
	7					9		5		
				7	6	9			5	5
	2	7	7			6			9	

				3			6			
5	5			2	4		6		6	2
						8				3
	7			5	8					4
			5	3						5
			2		2			4	4	4
5				4	3					
		3		8	2				7	
		4						8		8
		3	4		2					4

			3		9			9	9	
4	4	5	5				9	9	9	9
	7			2		3			2	
			5						7	
5		5	6				7		7	
9		5			2	2	4			
		9	4	4						
		9			7	7	8	2		
	9	6					7	5		
			6	7						4

	3	4		3				1		
3	3	4	4		4			4	5	
					6		5	7		5
				4		5	5	7		
2	3	3	3			8	8	8		5
		7			8		8			
4		6	7		7	3		3	2	
3						5				
	3	4				2		3		
	2	5						4		

			4	3						
9	9			7					8	
9		9	8		7		7	8	2	
9	9						5	3		
	9	4	4		4	6	5		5	
	3		6				6	8		
3	3		4			4		3	8	
		4	4			4	4			
			2				7	2		
6	4					2	4			

		4						6	9	
			3			6	6			
4			8	2		9				
		4	3				7			
3		3	5		5		3		7	
		7			2		3	3	4	4
	7		7		6	6		8		
				6		6				8
		3			9	5				5
	2	9			3		4			

Lösungen - Solutions: Puzzle 277-282

1	2	2	3	3	3	4	4	6	6	6
8	8	1	5	5	5	4	4	6	3	3
8	8	3	3	3	5	5	6	6	3	2
8	8	8	4	4	4	4	7	7	7	2
8	9	1	9	7	7	7	7	3	3	3
9	9	9	9	5	5	5	5	5	2	2
9	9	9	7	7	7	7	2	2	6	6
6	6	6	7	7	7	4	4	4	4	6
6	6	6	5	5	5	5	5	6	6	6
2	2	4	4	4	4	2	2	3	3	3

4	4	4	7	7	7	8	8	8	8	3
6	6	4	7	7	8	8	8	8	3	3
6	6	7	7	5	5	5	5	5	2	2
6	6	5	5	9	4	4	8	8	8	8
5	5	5	9	9	4	4	8	8	2	2
6	6	6	9	9	9	9	8	8	3	3
6	6	6	4	4	9	9	4	4	3	2
2	2	3	3	4	4	6	6	4	4	2
5	5	3	6	6	6	6	3	5	5	5
5	5	5	4	4	4	4	3	3	5	5

4	4	8	8	8	4	4	4	4	2	2
4	4	5	5	8	8	2	2	3	3	3
5	5	5	3	3	8	3	3	8	8	8
4	4	4	4	3	8	8	3	2	2	8
1	3	3	3	1	7	1	8	8	8	8
7	7	7	7	7	7	5	5	5	5	5
5	5	5	5	3	3	6	6	6	6	6
3	3	3	5	3	2	2	4	4	6	2
2	2	6	2	2	7	7	7	4	4	2
6	6	6	6	6	2	2	7	7	7	7

7	7	7	7	4	4	4	4	3	3	3
2	2	7	7	7	6	6	6	2	2	1
3	3	3	2	2	6	6	6	4	4	4
7	7	7	4	4	3	3	3	4	5	5
7	7	4	4	8	5	5	1	5	5	5
7	7	8	8	8	5	5	4	4	4	4
3	3	3	8	8	5	3	3	5	5	5
4	4	4	3	8	8	3	2	2	5	5
4	2	2	3	3	2	2	7	7	7	7
3	3	3	2	2	7	7	7	3	3	3

3	3	3	2	2	6	6	6	7	7	7
5	2	2	3	3	3	6	6	6	7	7
5	5	5	5	2	2	4	4	4	4	7
2	2	3	3	3	6	5	5	2	2	7
4	4	4	6	6	6	5	5	5	4	4
2	2	4	6	6	2	2	3	3	4	4
3	3	3	7	7	7	7	3	6	6	6
4	4	2	2	7	7	7	2	6	6	6
4	4	6	4	4	4	4	2	3	3	3
2	2	6	6	6	6	6	4	4	4	4

5	4	4	4	4	7	7	7	7	4	4
5	5	5	5	2	2	7	7	7	4	4
4	4	6	6	6	4	4	4	6	6	6
4	4	6	6	6	4	2	2	6	6	6
3	3	3	2	2	8	8	8	8	8	8
6	2	2	6	6	2	2	3	3	8	8
6	8	8	6	6	6	6	3	5	5	5
6	8	8	8	8	8	8	5	5	8	8
6	9	9	9	9	9	4	4	8	8	8
6	6	9	9	9	9	4	4	8	8	8

	2				3	4	4			6
8			5							3
8	8	3		3		5	6			
		8	4						7	2
8	9		9	7					3	
9	9	9	9	5	5			5	2	
9	9	9						2		
			7						4	6
	6		5				5			
	2	4					2			3

4	4									
		4		7	8		8	8	3	
		7		5					2	
6		5		9	4		8		8	
5			9				8			2
			9			9	8	8		
	6				9				3	
2	2		3		4		6	4		2
			6					5		
	5					4	3		5	

4		8				4			2	
	4		5	8		2		3		3
				3		3				
4	4		4	3	8			2	2	8
			3		7					
7					7	5		5		5
5					3			6		
3			5		2		4		6	
2	2	6	2				7		4	2
						2				

							4	3	3	
	2	7	7	7	6		6			1
		3	2		6	6	6		4	
		7		4	3			4	5	
				8	5	5		5		5
7	7									4
3							3			
4			3				2		5	5
	2	2		3		2		7		
3				2				3		

		3	2		6		6			7
		2			3		6	6		
		5		2		4			4	
	2	3				5		2		
4			6			5			4	
2					2		3			4
3			7		7			6		6
4	4	2		7	7	7		6	6	
	4	6		4			2	3		
	2			6				4	4	

				4						
		5	5		2		7	7	4	
	4						4	6	6	
4	4		6		4		2			
3			2			8				8
		2			2		3		8	
6		8	6						5	
							5		8	8
	9		9	9	9		4	8		
	6				9					

4	4	3	3	3	5	5	5	5	5	3
4	4	7	7	7	7	3	3	3	7	3
7	7	7	3	3	3	4	4	7	7	3
9	9	9	9	9	4	4	7	7	7	7
9	9	9	9	6	6	6	5	5	5	5
4	4	3	3	6	6	6	5	6	6	2
4	4	3	5	4	4	4	4	6	6	2
6	6	6	5	5	3	3	3	6	6	3
6	3	6	6	5	5	8	8	8	8	3
3	3	4	4	4	4	8	8	8	8	3

2	2	5	5	7	7	7	7	7	7	7
5	5	5	3	3	3	4	4	4	4	3
3	3	3	2	2	5	5	5	5	3	3
6	6	6	3	3	3	5	4	4	4	4
6	6	6	5	5	5	7	7	7	7	7
3	3	3	5	5	7	7	4	4	4	4
4	2	2	6	6	6	8	8	8	2	2
4	4	4	6	4	4	8	8	8	7	7
3	3	3	6	6	4	4	8	8	7	7
5	5	5	5	5	2	2	7	7	7	1

8	8	8	8	8	8	8	8	3	3	3
7	7	7	7	7	6	6	6	6	6	6
7	7	6	6	6	3	3	3	4	4	2
6	6	6	7	7	8	8	8	4	4	2
3	3	3	7	3	3	3	8	8	8	8
7	7	7	7	4	4	4	4	8	4	4
9	9	9	9	9	9	9	7	7	7	4
8	8	8	8	2	3	9	9	7	7	4
8	8	8	8	2	3	3	4	4	7	7
2	2	4	4	4	4	1	4	4	2	2

4	4	4	4	7	7	7	3	3	3	2
7	7	7	7	4	4	7	7	7	7	2
4	4	7	7	7	4	4	3	3	3	8
4	4	5	5	3	3	3	2	2	8	8
5	5	5	2	2	5	5	5	5	5	8
2	2	8	8	8	8	3	3	3	8	8
8	8	8	8	4	4	4	2	2	8	8
5	5	5	6	4	2	2	4	4	4	4
3	5	5	6	6	6	6	8	8	8	8
3	3	4	4	4	4	6	8	8	8	8

8	8	5	5	1	6	6	6	6	6	6
8	8	5	5	5	7	7	7	4	4	5
8	8	6	6	7	7	7	7	4	4	5
8	8	6	6	5	5	5	8	8	8	5
2	2	6	6	1	5	5	8	8	5	5
4	4	8	5	5	6	6	6	8	8	8
4	4	8	5	5	5	6	4	4	4	4
3	3	8	8	4	4	6	6	8	8	8
3	8	8	4	4	6	4	4	8	8	8
8	8	6	6	6	6	6	4	4	8	8

8	8	8	8	3	9	9	1	2	2	1
8	8	8	8	3	3	9	9	3	3	3
7	7	4	9	9	9	9	9	5	4	4
7	7	4	4	4	5	5	5	5	4	4
1	7	7	7	2	2	6	6	2	2	1
7	5	5	5	3	3	3	6	3	3	3
7	7	7	5	5	4	4	6	6	2	2
7	7	7	3	3	3	4	4	6	4	4
8	8	8	8	8	5	5	5	5	4	4
8	8	8	3	3	3	2	2	5	2	2

Puzzle 283-288

		3			5					
4						3	3			
7			3		3			7		3
		9				4	7		7	
9	9				6	6				5
			3			6	5			2
4	4	3		4			4	6		2
			5		3		3		6	3
6						8			8	
	3	4								

	2			7					7	
5			3					4		
3				2	5			5	3	
6	6				3			4		4
					5					7
3		3	5						4	
		2	6				8	8	2	
		4		4	4				7	7
		3			4	4	8		7	7
		5				2	7			

8							8		3	
					6					6
7	7			6	3				4	2
6				7	8					
		3			3	3		8		8
	7						4			
9					9				7	
			8		3	9	9	7		4
	8	8	8	2	3		4			7
	2	4								2

	4							3	3	2
7				4			7			
4		7			4		3			
	4				3		2		8	
5			2	2	5		5		5	
2	2	8						3		
				4				2		
5		5	6			2	4	4	4	4
3						6				
				4		6	8			

		5	5		6					6
		5	5	5			7	4	4	
		6	6	7					4	5
	8	6	6	5					8	
	2	6			5	5	8			
	4									8
	4		5		5					4
	3		8		4	6			8	8
3						4	4			
				6			4	4		

		8		3	9		1			
		8						3	3	3
7	7	4	9				9			
				4			5		4	
			7		2	6			2	1
						3				
		7		5			6	6	2	
7	7	7			3		4		4	
			8					5	4	4
					3		2			2

4	4	4	4	2	2	5	9	9	9	9
2	3	3	3	5	5	5	5	3	3	9
2	8	8	8	4	4	4	4	3	9	9
5	5	5	8	8	8	8	8	9	9	7
2	5	5	3	3	3	2	2	7	7	7
2	6	6	6	6	6	6	5	7	7	7
4	4	4	4	3	4	4	5	5	4	4
7	7	7	7	3	3	4	4	5	5	4
7	7	7	8	8	8	8	6	6	6	4
4	4	4	4	8	8	8	8	6	6	6

4	4	8	8	8	8	6	5	5	2	2
4	4	8	8	8	8	6	6	5	5	5
7	7	7	7	7	2	2	6	6	2	2
7	7	5	2	2	3	3	6	8	8	8
4	4	5	5	5	3	8	8	8	8	8
4	4	5	6	6	2	2	5	5	5	3
6	6	6	6	4	4	4	4	5	5	3
4	4	4	4	6	6	9	6	6	6	3
2	2	6	6	6	6	9	9	6	6	6
5	5	5	5	5	9	9	9	9	9	9

9	9	7	7	4	4	4	4	2	2	1
9	9	7	7	7	7	5	5	5	5	2
9	9	9	9	9	7	5	3	3	3	2
5	5	5	3	4	4	4	5	5	5	5
5	5	3	3	4	2	2	3	3	3	5
8	8	8	8	3	6	6	6	6	6	3
8	8	8	8	3	3	6	2	2	3	3
4	4	4	4	8	8	3	3	3	2	2
6	6	6	6	8	8	6	6	6	4	4
6	6	8	8	8	8	6	6	6	4	4

3	3	3	8	4	4	3	3	3	4	4
5	5	5	8	8	4	4	2	2	4	4
5	5	8	8	8	8	8	3	3	3	7
4	4	2	2	6	6	3	7	7	7	7
4	4	3	3	3	6	3	3	2	2	7
1	3	5	6	6	6	4	4	3	3	7
3	3	5	5	5	5	4	4	3	2	2
4	2	2	6	6	9	9	9	9	9	9
4	4	4	6	6	9	9	9	3	3	3
3	3	3	6	6	2	2	4	4	4	4

8	8	8	8	4	4	4	4	7	7	7
8	8	8	8	3	3	3	7	7	7	7
5	5	5	5	5	2	2	8	8	8	8
9	9	9	9	9	6	6	6	6	8	8
5	5	5	5	9	9	5	5	6	6	8
3	3	3	5	9	9	3	5	5	5	8
6	6	6	4	4	3	3	6	6	6	3
6	6	6	4	4	6	6	6	4	4	3
9	9	9	9	7	7	7	7	4	4	3
9	9	9	9	9	7	7	7	2	2	1

6	6	6	2	2	7	5	5	5	5	5
3	6	6	6	3	7	7	7	7	7	7
3	3	2	2	3	3	4	4	4	4	6
5	5	4	4	4	4	6	6	6	6	6
5	5	3	6	6	6	5	5	5	5	5
5	3	3	6	6	6	8	8	8	8	8
6	6	6	8	8	3	2	2	8	8	8
6	6	6	8	8	3	3	9	9	9	9
3	3	3	5	8	8	5	9	9	9	9
5	5	5	5	8	8	5	5	5	5	9

			4	2					9	
2		3		5		5	5		3	
	8		8	4				3		
						8				7
2	5				3	2		7	7	
	6					6				
4	4		4	3			5	5	4	
					3	4		5	5	
	7	7				8			6	4
			4	8			8			

			8			6	5			2
4	4	8	8					5		
7					2				2	
		5	2	2	3			8	8	
4	4					8			8	8
4		5			2				5	3
		6		4						
4							6		6	
2		6			6			6	6	6
5					9					

	9				4		4			1
	9		7						5	
				9	7	5	3			
		5					5			
5	5	3		4	2			3		
		8			6			6		
	8	8	8	3		6		2	3	
			4	8	8	3		3	2	
			6	8				6	4	
					8	6				

3						3			4	
5				8		4	2		4	
5		8				8			3	7
4	4		2				7			
		3		3	6		3		2	
1							4		3	7
					5				2	
		2		6	9	9	9			
		4			9			3	3	3
		3			2			4		

				4						
8	8	8	8	3		3	7		7	
	5					2	8			
9					6				8	
5						5				
3						3				
6	6		4	4	3			6	6	
6	6		4					4	4	
9	9			7		7	7	4	4	3
					7					1

				2						5
	6			3						7
3	3		2		3				4	6
		4								
			6	6		5				5
5	3	3	6			8			8	
			8	8	3	2	2	8	8	8
6			8					9		
3	3	3				5	9	9		
			5	8						

2	2	4	8	8	8	8	8	8	4	4
4	4	4	8	2	2	8	2	2	4	4
2	2	3	3	3	7	3	3	3	2	2
3	3	7	7	6	7	7	7	7	7	7
3	7	7	7	6	6	6	6	3	3	3
7	7	4	4	4	2	2	6	2	2	5
4	3	3	3	4	3	3	5	5	5	5
4	4	4	5	5	5	3	6	6	6	6
3	3	5	5	4	4	6	6	4	4	2
3	2	2	4	4	3	3	3	4	4	2

8	8	9	9	9	9	9	1	3	3	3
8	8	9	9	9	9	5	2	2	4	4
8	8	4	4	4	4	5	5	5	4	4
8	8	1	2	2	3	3	3	5	3	3
2	2	3	3	3	4	4	5	2	2	3
4	4	6	2	2	4	4	5	5	5	5
4	4	6	6	6	7	7	7	7	7	7
3	3	6	6	8	6	6	6	6	6	7
2	3	8	8	8	4	4	3	6	4	4
2	8	8	8	8	4	4	3	3	4	4

4	4	3	3	3	8	8	8	8	4	4
4	4	6	2	2	8	8	8	8	4	4
6	6	6	6	9	4	4	4	4	3	3
6	3	3	3	9	9	9	9	9	9	3
2	2	5	5	5	5	5	9	9	2	2
6	6	6	6	6	6	2	2	7	7	7
3	3	3	8	8	8	8	8	2	2	7
4	2	2	8	8	3	3	8	7	7	7
4	4	4	2	2	3	5	5	4	4	2
2	2	3	3	3	5	5	5	4	4	2

2	2	1	4	4	4	4	5	5	5	5
3	3	3	9	9	9	9	5	7	7	7
2	2	9	9	9	9	9	7	7	7	7
6	6	6	6	6	6	2	2	4	4	4
8	8	8	8	8	8	3	3	4	2	2
8	4	4	4	4	8	3	5	5	5	5
7	7	7	7	7	7	7	3	3	3	5
5	5	5	3	3	5	5	5	5	5	3
5	5	2	2	3	2	2	3	3	2	3
8	8	8	8	8	8	8	8	3	2	3

5	5	5	5	5	3	3	3	2	2	5
6	6	4	4	9	9	9	9	9	5	5
6	4	4	9	9	9	9	6	6	5	5
6	6	6	4	4	4	4	6	7	7	7
5	5	5	5	5	6	6	6	7	7	7
3	3	3	6	6	4	2	2	4	4	7
6	6	6	6	4	4	3	3	3	4	4
3	3	2	2	4	6	6	6	6	6	6
3	8	8	8	8	8	8	8	8	4	4
6	6	6	6	6	6	3	3	3	4	4

8	8	8	8	8	8	5	5	5	5	9
3	3	9	9	9	8	8	4	4	5	9
3	9	9	5	5	5	5	5	4	4	9
7	9	9	9	9	8	8	8	2	2	9
7	7	7	4	4	8	9	9	9	9	9
7	7	7	4	4	8	8	8	8	6	6
2	2	3	3	5	5	5	6	6	6	6
7	7	3	5	5	9	9	9	3	5	5
7	2	2	9	9	9	9	9	3	3	5
7	7	7	7	2	2	9	2	2	5	5

	2	4						8		
					2			2		4
	2			3	7		3		2	
	3		7							7
3			7				6			3
7			4		2	2			2	5
	3		3		3					
4						3				6
3			5	4	4		6	4		2
	2		4				3			2

8	8	9	9	9			1			
8	8		9	9	9	5	2		4	
8			4		4				4	4
8		1			3			5		
2		3		3			5	2		3
4		6	2		4		5			
					7					
3	3			8	6				6	
		8	8		4			6	4	
2	8					4		3		4

				3				8		4
4				2			8			4
6			6		4		4	4	3	3
		3	3	9						
	2	5							2	
		6		6	6	2		7		
		3	8			8			2	7
4		2				3	8		7	
			2	2		5	5	4	4	
	2	3							4	2

		1	4			4		5		5
3	3	3				9	5			
	2	9		9	9	9			7	
				6			2		4	4
					8		3	4		2
	4			4						5
7				7	7				3	
5		5			5					3
			2	3	2					3
8		8		8				3	2	

		5					3	2		
	6		4				9		5	
6	4					9			5	
	6	6	4			4	6	7	7	
5								7	7	
	3			6		2	2			7
6			6	4		3			4	
3			2		6		6		6	
								8		4
					6	3			4	4

									5	9
	3			9		8	4			
			5				5	4	4	
7							8	2		
	7	7	4	4			9			9
		7				8		8		
	2					5	6			
		3	5	5	9		9	3	5	
	2	2				9			3	
7					2		2			

Lösungen - Solutions: Puzzle 301-303

3	3	3	8	8	8	8	8	8	3	3	6	6	6	6	6	7	7	7	7	7	7
4	4	4	4	8	8	5	5	5	3	7	7	7	7	7	6	7	5	5	5	5	5
3	3	3	6	6	3	6	6	5	5	6	6	6	6	7	7	5	9	9	9	9	9
6	6	6	6	3	3	6	6	6	6	2	2	6	6	2	2	5	5	3	9	9	1
7	7	7	3	4	4	4	4	2	2	4	3	3	3	6	6	5	5	3	3	9	9
7	7	7	3	3	7	7	7	8	8	4	4	4	8	7	6	6	6	4	4	4	4
7	5	5	5	5	7	7	7	7	8	8	8	8	8	7	7	6	2	2	3	3	3
3	5	3	3	3	9	9	9	9	9	7	7	7	7	4	7	7	7	7	6	6	5
3	3	9	9	9	9	2	2	3	2	2	7	7	7	4	3	3	3	6	6	6	5
2	2	5	5	5	5	5	3	3	5	5	5	5	5	4	4	2	2	6	5	5	5

4	4	3	3	3	6	6	6	6	6	6	2	2	4	8	8	8	8	8	8	8	8
4	4	9	9	9	9	9	9	9	9	9	4	4	4	5	5	5	2	2	4	4	2
3	3	3	4	4	3	3	3	4	2	2	3	3	3	5	5	3	3	3	4	4	2
4	4	2	2	4	4	2	2	4	4	4	2	2	7	9	9	2	2	7	7	7	7
4	9	9	9	2	2	3	3	3	7	7	7	7	7	9	9	9	7	7	7	5	5
4	9	9	9	9	9	6	6	2	2	7	3	3	3	5	5	9	9	9	9	5	5
6	6	6	5	9	5	6	6	3	3	3	7	7	5	5	6	6	6	6	6	6	5
6	6	6	5	5	5	6	6	7	7	7	7	7	5	8	8	8	4	8	8	8	8
3	3	3	8	8	8	8	3	8	8	8	8	3	8	8	4	4	4	8	8	8	8
2	2	8	8	8	8	3	3	8	8	8	8	3	3	8	8	8	5	5	5	5	5

8	8	8	8	8	8	2	2	5	5	4	4	1	2	2	8	8	8	8	5	5	5
6	6	6	6	8	8	5	5	5	3	3	4	4	3	3	3	8	8	8	8	5	5
4	6	6	3	3	3	9	9	9	9	3	6	6	6	4	4	4	4	5	3	3	3
4	4	4	7	7	7	7	9	9	9	9	6	6	6	3	3	6	6	5	5	5	5
5	5	5	5	5	7	7	7	9	8	8	8	8	5	3	5	6	6	9	9	9	4
4	4	4	4	2	2	5	2	2	8	8	8	8	5	5	5	6	6	9	9	9	4
3	3	3	5	5	5	5	9	9	9	9	9	9	9	4	4	2	2	9	9	4	4
9	9	9	2	2	3	3	3	9	9	3	3	3	4	4	8	8	8	9	3	3	3
9	9	4	4	4	7	7	7	7	5	5	5	5	8	8	8	4	4	8	8	8	8
9	9	9	9	4	2	2	7	7	7	2	2	5	8	8	4	4	8	8	8	8	1

3								8	3						6					7	
4					8		5									7	5			5	
3				6	3	6	6	5		6			6		7		9			9	9
6									6	2				2	2				9	9	
	7		3	4			4		2		3		3	6		5	5		3	9	9
				3	7							4	8	7							4
7		5	5					7										2	3	3	
3	5		3						9	7		7	7					7			5
		9				2				2	7	7					3		6		
2		5						3		5					4		2		5		

4	4		3							6		2	4		8			8			
										9						5	2	2			
		3					3	4	2				3		5		3		4	4	2
	4	2			4	2				4		2	7		9		2			7	
	9	9		2		3					7		7			9	7		7	5	
					9	6		2			3				5				9		
	6	6		9	5		6	3				7	5	5						6	
	6	6						7		7	7					8			8	8	8
		3	8			8				8		3					4	8			8
	2			8	8	3		8				3	3			8	5				5

		8				2				4				2		8		8			
6			6			5			3		4	4			3	8			8		5
4	6		3	3	3	9				3			6		4		4		3		3
					7		9				6		6		3					5	
				5			7	9	8		8			3			6		9	9	4
4			4	2				2	8			8	5			6	6				
		3				5	9						9		4		2			4	
		9		2	3		3					3	4				8		3		
	9		4		7									8			4	8	8	8	8
			9		2						2	5	8				8		8	8	

8	8	2	2	7	7	7	7	3	3	3	5	5	6	6	6	6	6	4	4	4	2
8	8	8	8	8	7	7	7	2	2	5	5	5	6	9	9	9	9	2	2	4	2
8	7	7	7	4	4	4	4	3	3	3	7	7	7	9	2	2	9	9	9	9	8
7	7	7	3	3	3	2	2	7	7	7	7	3	3	3	8	8	8	8	8	8	8
7	4	4	5	5	5	5	5	8	8	8	8	8	8	2	2	9	9	5	5	5	5
4	4	3	3	3	7	7	8	8	5	3	3	3	4	4	4	9	9	5	3	3	3
6	6	2	2	7	7	7	7	5	5	4	4	1	4	7	7	9	9	9	9	9	5
6	6	8	8	8	8	7	5	5	4	4	2	2	7	7	7	7	7	3	3	3	5
6	6	3	3	3	8	8	8	8	2	2	5	5	5	5	5	2	2	4	5	5	5
5	5	5	5	5	2	2	4	4	4	4	2	2	3	3	3	4	4	4	3	3	3

8	8	8	8	7	5	5	5	5	5	1	2	2	6	6	6	1	4	4	3	8	8
8	8	8	8	7	7	7	7	7	7	6	3	3	3	6	6	6	4	4	3	3	8
3	3	3	5	5	5	5	5	6	6	6	7	7	7	7	4	4	5	5	5	5	8
8	8	8	8	8	8	8	8	5	5	6	6	7	7	7	4	4	5	8	8	8	8
2	2	5	5	5	5	5	3	5	5	5	4	4	4	4	5	5	7	7	7	7	7
6	6	6	6	6	2	2	3	3	6	6	6	6	6	6	5	5	5	2	2	7	7
7	7	7	6	9	9	9	9	9	9	9	9	9	2	2	7	7	7	7	7	2	2
7	7	7	7	6	6	2	2	6	6	6	6	6	6	7	7	8	8	6	6	4	4
8	8	8	8	6	6	6	6	1	5	5	5	5	5	2	2	8	8	6	6	4	4
3	3	3	8	8	8	8	2	2	3	3	3	2	2	8	8	8	8	6	6	2	2

8	8	4	4	4	4	2	2	3	3	3	5	5	8	8	3	3	7	6	6	6	6
8	8	2	5	5	5	5	5	4	4	4	5	5	8	8	3	7	7	6	6	2	2
8	8	2	8	8	8	8	3	3	3	4	3	5	8	8	7	7	7	5	5	5	5
8	8	3	8	8	5	8	8	7	7	7	3	3	8	8	7	9	9	9	9	9	5
2	2	3	3	5	5	5	5	7	5	5	5	5	3	3	3	9	9	9	9	6	6
7	7	4	4	4	4	7	7	7	5	7	7	7	7	4	4	4	4	6	6	6	6
7	7	7	7	7	8	8	4	4	7	7	7	2	2	3	3	7	7	5	5	4	4
2	2	8	8	8	8	8	4	4	2	2	6	6	6	3	7	7	7	5	5	5	4
3	3	7	7	7	7	8	2	2	3	3	3	6	4	4	4	4	7	7	2	2	4
3	7	7	7	2	2	4	4	4	4	2	2	6	6	5	5	5	5	5	3	3	3

Puzzle 304-306

			2	7		7				3	5							4			2
		8			7		7	2		5			6	9				2			
	7	7	7				4	3			7	7	7			2					
					3	2		7	7					3	8						
7							5						8	2		9			5		5
4				3	7	7			5	3	3	3			4	9	9	5			3
	6		2				7	5					4		7						
6		8			8			5			2	2	7				7	3			
		3			8	8		8		2			5			2			5		5
5					2		4					2	3			4				3	

8	8	8	8	7	5			5		1			6		6			4		8	
	8		8					7		6	3	3	3	6	6	6	4	4		3	
3			5	5		5		6			7				4	4			5	5	
8						8		5			6				4						
2	2					5	3			5		4		4		5					7
				6		2	3		6					6					2		
7	7	7			9							9	2	2						2	2
		7		6	6		2					6		7		8	8	6	6		
8					6	6		1	5				5	2			8		6		4
3			8			8					3	2			8		8				2

8				4		2				3		5			3	3	7	6			
	8	2	5		5			4						8	3					2	2
			8					3		4		5						5			5
		3			5		8			7		3		8	7	9	9	9			
2	2	3		5			5			5					3	9				6	
		4			4					7			7	4				6	6		6
7				7		8			7		7	2			3	7			5		
	2							4	2					3	7			5		5	
3	3	7			7	8	2	2			3		4							2	4
			7	2		4					2	6		5							3

9	9	9	9	9	9	9	3	3	5	5	5	6	4	4	7	7	7	2	2	4	4
3	3	3	4	5	9	9	3	1	5	5	6	6	4	4	7	7	7	3	3	4	4
8	4	4	4	5	5	5	5	4	4	4	4	6	6	6	7	2	2	3	7	2	2
8	8	8	8	8	8	8	3	6	6	6	6	9	9	9	9	7	7	7	7	7	7
2	2	4	4	7	7	7	3	3	6	6	3	3	3	6	9	9	9	9	9	2	2
3	3	4	4	7	7	7	7	4	4	2	2	6	6	6	6	6	5	5	3	3	3
3	2	2	3	3	3	9	9	4	4	7	7	9	9	9	9	9	5	5	5	9	9
5	5	8	9	9	9	9	9	9	9	7	7	9	9	9	3	3	4	4	4	4	9
5	5	8	8	8	8	8	8	8	2	2	7	7	7	9	3	7	7	7	7	9	9
5	4	4	4	4	1	2	2	3	3	3	4	4	4	4	7	7	7	9	9	9	9

7	7	8	8	8	8	8	8	5	5	5	5	5	2	5	3	3	3	8	8	8	8
7	7	4	4	4	4	8	8	6	6	2	2	6	2	5	5	5	5	8	8	8	8
7	7	5	5	5	6	6	6	6	3	3	3	6	6	6	7	7	7	7	5	5	5
7	5	5	1	4	4	4	4	5	5	5	5	5	6	6	7	7	7	5	5	2	2
2	2	6	6	6	6	6	5	4	4	4	4	7	7	7	3	3	3	6	6	8	8
8	8	6	1	5	5	5	5	1	2	2	7	7	7	7	6	6	6	6	8	8	3
8	8	7	7	7	7	6	6	3	3	3	4	4	4	4	5	5	2	2	8	3	3
8	8	7	6	6	6	6	4	2	2	6	6	3	8	8	8	5	5	5	8	8	8
8	8	7	7	9	9	9	4	6	6	6	3	3	8	8	8	7	7	7	7	7	2
9	9	9	9	9	9	4	4	6	5	5	5	5	5	8	8	7	7	3	3	3	2

4	4	4	4	2	2	3	3	3	7	7	3	3	3	4	4	5	5	5	3	3	3
3	3	3	6	6	6	6	2	2	7	7	7	7	7	4	4	1	5	5	9	2	2
2	2	8	6	6	3	3	3	8	8	8	8	8	6	6	6	6	9	9	9	3	3
8	8	8	8	8	8	6	6	6	6	6	6	8	4	4	6	6	9	9	5	3	5
5	5	5	5	5	8	3	3	7	7	7	8	8	4	4	3	9	9	9	5	5	5
8	8	3	3	3	2	2	3	7	7	9	9	7	7	7	3	3	4	4	3	3	3
8	8	8	6	6	6	6	7	7	9	9	9	9	9	7	7	7	7	4	4	2	2
8	8	8	6	6	9	9	6	6	6	6	6	6	9	9	5	5	3	6	6	4	4
6	6	6	3	3	3	9	9	9	8	8	8	8	3	3	3	5	3	3	6	4	4
2	2	6	6	6	9	9	9	9	8	8	8	8	2	2	5	5	2	2	6	6	6

9							3	3	5		5	6	4		7	7	7	2			
		3		5			3			5			4		7	7				4	
8	4		4	5			5	4			4				7		2	3	7	2	
						8		6				9		9		7				7	
2			4		7		3		6				3		9	9					2
			4			7		4			2	6			6		5				3
3	2		3		3	9	9	4		7	7	9	9			9	5	5	5		
	5	8	9									9		9		3	4				
			8					8	2			7			3	7				9	
	4	4					2		3		4			4				9			

	7	8						5				5					3				8
		4						6		2	2	6	2		5		5	8	8	8	
		5		5		6					3							7		5	
	5			4			4					5		6	7					2	
	2	6				6	5	4	4		4	7		7	3		3		6	8	8
	8	6		5				1			7		7	7							3
8					7					3		4						2			
	8		6					2	2		6	3	8					5			8
		7	7	9				6							8	7				7	
9						4		6					5							3	2

		4		2		3							3	4	4	5	5	5			3
3		3	6				2						7	4			5	5		2	
2	2			6	3								6			6					3
		8	8	8	8						6		4		6	6				3	5
5				5			3	7		7	8		4		3	9		9			
		3		3	2	2			7		9	7					4				3
		8	6				7	7										4			2
8	8	8	6		9				6	6		6				5	3	6			4
		6	3					9	8	8	8	8	3		3				6		
2	2													2			2			6	6

2	2	8	8	8	8	8	8	3	3	3	5	5	7	7	7	7	2	2	3	3	3
7	7	7	7	7	7	7	8	8	2	2	5	5	5	9	9	7	7	7	2	2	7
2	2	6	6	6	2	2	7	7	7	7	6	6	6	6	9	9	6	6	6	6	7
4	4	6	4	4	3	3	3	7	7	6	6	9	9	9	9	9	6	6	4	4	7
4	4	6	6	4	4	2	2	7	8	8	8	8	8	2	2	5	2	2	4	4	7
2	2	1	5	5	5	5	9	9	8	8	8	6	6	6	5	5	5	5	7	7	7
6	6	2	2	5	9	9	9	9	9	4	4	6	6	6	4	4	4	4	2	2	4
6	6	4	4	4	7	9	9	7	2	2	4	4	7	7	7	3	3	3	4	4	4
6	6	4	2	2	7	7	7	7	7	3	7	7	7	7	5	5	5	5	5	2	2
3	3	3	5	5	5	5	5	2	2	3	3	4	4	4	4	2	2	4	4	4	4

5	3	3	3	2	2	8	8	8	8	3	3	2	2	5	4	2	2	8	8	8	8
5	5	5	6	6	6	2	2	8	8	3	5	5	5	5	4	4	4	8	8	8	8
2	2	5	6	6	6	3	3	3	8	8	2	2	9	9	9	9	7	7	7	7	7
1	3	3	3	4	2	2	5	5	5	3	3	3	9	3	3	3	5	5	5	7	7
2	2	4	4	4	6	6	6	5	5	9	9	9	9	8	2	2	5	5	3	3	3
3	7	7	7	2	2	6	6	6	8	8	8	8	8	8	9	9	9	9	9	2	2
3	3	7	7	7	4	4	4	4	2	2	8	5	5	9	9	2	2	5	5	3	3
2	2	8	8	7	5	5	6	6	3	3	3	5	5	5	9	9	5	5	5	3	9
3	3	3	8	8	5	6	6	5	5	5	5	2	2	4	4	4	4	9	9	9	9
8	8	8	8	5	5	6	6	5	6	6	6	6	6	6	3	3	3	9	9	9	9

4	4	8	8	8	5	7	7	7	7	7	7	2	2	4	4	4	4	2	2	4	4
4	4	2	2	8	5	5	3	9	9	7	9	9	9	5	5	5	6	6	6	4	4
2	2	8	8	8	5	5	3	3	9	9	9	7	7	7	5	5	9	9	6	6	6
6	6	2	2	8	6	6	6	6	6	6	9	7	7	7	7	9	9	9	5	5	5
6	6	6	6	2	2	5	5	5	5	5	3	3	3	4	4	9	9	9	9	5	5
5	5	5	5	5	7	3	3	3	4	4	2	2	6	4	4	6	6	6	6	6	6
7	7	7	7	7	7	2	2	5	5	4	4	1	6	6	6	7	7	7	7	4	4
2	2	6	6	2	2	7	7	7	5	5	5	3	3	3	6	6	7	7	7	4	4
3	3	6	6	6	6	2	2	7	7	7	7	8	8	8	8	8	8	6	6	6	6
3	9	9	9	9	9	9	9	9	9	6	6	6	6	6	6	8	8	2	2	6	6

Puzzle 310-312

2		8							3		5	5					2		3		
7								8	2		5	5	5		9	7			2		
	2				2				7					6		9	6			6	
4	4		4		3		3			6		9			9		6			4	7
4	4		6	4			2		8						2		2		4		
		1	5			5		9				6	6		5		5		7		
6	6			5				9		4	4		6		4			4	2		
6	6			4		9	9	7	2			4	7		7		3		4		
6	6	4		2						3	7			7		5				2	
3						5			2	3			4				2		4	4	4

5	3				2				8		3	2			4		2		8		
	5	5		6	6	2						5					4				
		5			6		3					2				9	7			7	7
1	3	3				2	5					3				3	5	5	5		
		4		4			6							8		2					3
	7		7		2			6											9	2	2
	3	7		7	4			4		2	8	5					2	5	5	3	
	2	8			5			6		3				5	9					3	
3			8	8		6					5		2	4				9	9	9	
8						6							6		3						

			8			7						2			4			2			
4			2	8		5		9				9		5		5	6			4	
	2					5		3	9			7	7		5	5	9		6		
	6		2	8	6				6			7	7						5		
					2	5							3	4			9		9	5	5
5			5		7	3		3	4		2	2	6							6	
7			7				2	5			4							7	7	4	4
	2		6		2					5				3		6	7			4	
	3					2					7							6			
	9						9								6	8	8		2	6	

8	8	8	8	3	3	9	9	9	9	9	1	8	8	8	8	8	8	4	4	4	4
8	8	8	8	2	3	9	9	9	9	5	5	8	8	3	3	3	7	7	7	7	7
7	7	7	7	2	6	6	6	6	6	5	5	5	1	2	2	5	5	5	5	5	7
6	7	7	7	5	5	7	7	7	6	2	2	8	8	7	9	9	9	9	9	9	7
6	6	6	6	5	5	4	4	7	7	7	7	8	8	7	7	7	7	9	9	9	5
9	9	6	9	9	5	4	4	6	6	6	6	8	8	7	3	3	4	4	6	5	5
9	9	9	9	9	3	3	3	6	6	3	8	8	9	7	3	4	4	6	6	5	5
7	7	7	6	6	6	6	2	2	3	3	2	2	9	9	9	9	9	9	6	6	6
7	7	7	7	6	6	4	4	4	4	6	6	6	6	6	6	8	8	9	9	2	2
3	3	3	8	8	8	8	8	8	8	8	2	2	8	8	8	8	8	8	3	3	3

2	2	3	3	4	2	2	9	9	9	9	3	3	3	5	3	3	3	4	4	4	4
3	3	5	3	4	4	4	9	9	9	4	4	4	4	5	5	6	6	6	6	6	6
3	5	5	7	7	7	7	7	9	9	3	3	3	8	8	5	5	4	4	5	5	5
5	5	7	7	4	2	2	4	6	6	8	8	8	8	8	2	2	4	4	5	5	4
3	3	4	4	4	3	3	4	6	6	8	9	5	5	5	5	5	8	8	8	8	4
3	6	6	6	2	2	3	4	4	6	6	9	9	9	9	9	8	8	8	8	4	4
6	6	6	3	3	3	8	8	8	2	2	9	9	9	4	4	4	4	7	7	7	7
8	8	4	4	2	2	8	8	8	8	8	3	5	5	5	5	7	7	7	9	9	9
8	8	4	4	3	3	3	6	6	6	3	3	5	9	9	9	9	1	9	9	3	3
8	8	8	8	2	2	6	6	6	9	9	9	9	9	3	3	3	9	9	9	9	3

5	5	5	5	5	2	2	9	9	9	9	9	5	5	5	5	5	7	7	7	2	2
3	3	3	8	8	3	3	3	9	9	9	9	2	2	3	3	3	7	7	5	5	5
5	5	5	5	8	8	2	2	6	6	6	6	6	6	4	4	4	4	7	3	5	5
3	3	3	5	8	8	8	8	5	5	5	5	5	2	2	3	3	3	7	3	3	9
4	4	4	4	7	7	7	7	7	7	3	3	3	5	6	9	9	9	9	9	9	9
6	6	6	6	6	6	3	3	3	7	5	5	5	5	6	6	6	5	5	9	3	3
3	3	3	5	5	2	2	9	9	3	3	3	8	8	8	8	6	6	5	5	5	3
4	4	4	3	5	5	5	9	9	9	9	9	3	3	3	8	8	8	3	3	3	4
3	3	4	3	3	1	2	2	9	9	2	2	5	5	5	8	2	2	7	7	7	4
3	5	5	5	5	5	6	6	6	6	6	6	2	2	5	5	7	7	7	7	4	4

	8				3	9	9	9									8	4			
				2		9	9	9	9	5	5	8	8		3		7				
7		7	7		6					5		5		2	2		5				7
6						7				2				7	9				9	9	
	6		6		5	4				7			8							9	5
	9	6	9	9		4		6			6		8			3	4		6		
9				9	3		3		6		8			7	3	4		6		5	
		7		6	6			2		3		2									6
7	7		7						4						6		8		9	2	
	3								8			2						8	3		

2			3		2	2					3					3		4		4	
3		5	3		4					4				5		6			6		
	5		7				7	9		3									5		5
		7			2			6	6						2		4	4	5	5	
3	3	4			3			6		8	9	5		5		5					
	6			2				4		6					9		8		8	4	
	6		3		3		8	8		2		9		4			4	7	7		7
	8	4		2		8				8	3				5	7					9
		4	4			3	6		6							9		9			3
					2	6										3		9		9	

				5		2								5		5			7	2	
3							3	9	9	9			2	3			7				5
5		5	5		8	2		6					6	4					3		
3		3					8		5				2		3			7	3	3	
	4			7					7	3			5		9				9		9
6								3		5				6					9		
3			5		2		9	9			3		8				6	5			3
		4		5			9	9		9			3				8	3			
				3	1			9	9	2		5			8		2	7	7	7	
3	5				5	6					6	2			5	7					4

4	4	4	4	2	2	5	5	5	5	6	6	4	4	4	4	8	2	2	7	7	7
6	6	6	6	6	6	5	6	6	6	6	5	5	5	5	5	8	8	8	7	2	2
8	8	4	4	7	7	7	7	7	7	7	8	8	7	7	4	4	8	8	7	7	7
8	8	4	4	5	5	3	8	8	8	8	8	8	7	7	4	4	9	8	8	5	5
8	8	5	5	5	3	3	2	2	7	7	7	3	3	7	7	7	9	9	9	5	5
3	8	8	9	9	9	9	9	9	7	7	7	7	3	6	6	9	9	9	9	9	5
3	3	6	6	6	6	5	5	9	9	9	6	6	6	6	4	4	6	6	6	6	6
2	2	6	6	7	7	5	5	5	3	7	7	3	3	3	4	4	9	9	9	9	6
7	7	7	7	7	4	2	2	3	3	7	7	7	5	5	5	5	9	9	9	2	2
3	3	3	4	4	4	5	5	5	5	5	7	7	3	3	3	5	9	9	3	3	3

3	3	3	2	2	7	7	7	7	3	3	3	4	4	4	4	7	3	3	3	2	2
5	5	5	5	5	7	7	7	4	4	7	7	7	5	5	5	7	7	7	7	7	7
4	4	2	2	8	8	8	8	4	4	5	5	7	5	5	4	4	4	4	8	2	2
4	4	3	3	3	8	8	8	8	5	5	5	7	7	7	6	6	8	8	8	3	3
9	9	9	9	6	6	6	4	4	8	8	4	4	4	4	6	6	8	8	8	8	3
9	9	9	9	6	6	6	4	4	3	8	8	8	8	8	6	6	7	7	7	7	7
5	5	5	9	4	4	4	2	2	3	3	5	5	5	8	2	2	7	7	4	4	4
8	8	5	5	4	3	3	3	6	2	2	5	5	9	5	5	5	5	5	8	8	4
8	8	3	3	3	6	6	6	6	6	9	9	9	9	7	7	7	4	4	8	8	8
8	8	8	8	5	5	5	5	5	9	9	9	9	7	7	7	7	4	4	8	8	8

8	8	8	8	6	6	6	6	6	3	3	8	8	8	8	6	6	2	2	4	4	4
8	8	7	7	7	6	4	4	4	4	3	8	8	8	8	6	6	6	6	2	2	4
8	8	7	7	7	7	5	5	5	5	5	3	3	3	5	8	8	8	7	7	7	7
2	2	6	6	6	6	6	6	3	3	8	5	5	5	5	8	8	8	7	7	7	2
3	3	3	5	4	4	4	4	3	8	8	8	8	8	4	4	8	8	3	3	3	2
5	5	5	5	3	3	3	1	8	8	3	3	3	4	4	5	5	5	8	8	8	8
4	4	4	4	9	9	9	9	9	9	9	9	9	7	7	7	5	5	8	8	8	8
1	2	2	8	8	8	8	8	6	6	6	6	6	6	7	7	7	7	6	6	6	6
4	4	3	4	4	8	8	8	4	4	3	3	4	4	3	4	4	6	6	2	2	4
4	4	3	3	4	4	2	2	4	4	3	4	4	3	3	4	4	2	2	4	4	4

Puzzle 316-318

4			4	2											4	8		2			
	6				6	5	6				5			5				8		2	2
8	8	4				7			7	7			7				8		7		
	8		4	5	5	3	8						7		4	4			8	5	
								2			7					7		9	9	5	
3						9	9		7	7		7	3	6	6						5
	3	6			6					9			6		4		6	6	6		
2			6		7		5			7				3	4	4					6
7				7		2	2		3	7		7				5	9		9	2	
	3			4		5							3		3		9		3		

3				2							3			4	4	7	3			2	
5				5	7	7	7	4						5							7
		2	2					4			5		5		4	4					2
4	4		3			8	8		5		5			7			8		8		3
		9	9	6		6			8			4		4			8	8	8	8	
9	9					6	4	4		8			8			6					
5				4		4		2	3			5		8		2		7	4		
	8		5			3		6	2				9	5				5	8	8	
8		3		3		6					9			7		7	4	4			
	8			5	5		5	5										4			

			8			6			3		8							2			4
	8	7	7	7		4		4	4			8		8	6		6		2	2	
					7		5				3	3		5							
2	2	6					6	3		8	5					8	8	7			
3		3		4		4					8		8			8	8	3		3	2
		5		3		3		8	8			3	4		5						
4	4		4	9								9				5	5	8	8	8	
		2	8										6	7			7				
	4	3	4						4		3		4	3		4	6		2		
						2	2									4		2		4	

4	5	5	5	4	4	4	4	3	3	3	9	2	2	9	9	9	9	8	8	2	2
4	4	4	5	5	1	5	5	4	4	5	9	9	9	9	6	6	6	8	8	8	8
9	9	9	9	9	5	5	5	4	4	5	5	3	4	4	6	6	6	4	4	8	8
9	9	9	9	4	4	4	3	3	3	5	5	3	3	4	4	9	9	4	4	2	2
6	6	6	6	2	2	4	2	2	4	4	4	4	2	2	9	9	9	8	8	8	8
3	3	3	6	6	8	8	8	8	8	8	3	9	9	9	9	4	4	8	8	8	8
6	8	8	8	8	2	2	4	4	8	8	3	3	8	8	8	4	4	3	3	3	7
6	8	8	8	8	3	3	4	4	6	6	6	6	6	6	8	8	7	7	7	7	7
6	2	2	4	4	3	5	5	5	5	5	4	4	4	4	8	8	8	3	3	3	7
6	6	6	4	4	2	2	4	4	4	4	7	7	7	7	7	7	7	4	4	4	4

5	5	5	5	5	7	7	7	7	3	3	3	4	4	4	4	5	5	3	3	3	1
2	2	6	6	6	7	7	4	4	2	2	6	8	8	8	5	5	5	4	4	4	4
6	6	6	5	5	5	7	4	4	6	6	6	8	8	4	4	4	4	3	3	3	1
5	5	3	3	5	5	3	3	3	6	6	3	8	8	8	3	3	3	4	4	2	2
5	5	3	2	2	7	7	7	4	4	3	3	9	9	9	8	8	8	8	4	4	3
5	2	2	6	6	7	7	4	4	3	2	8	9	9	9	9	8	8	8	5	5	3
7	6	6	6	6	3	7	7	3	3	2	8	8	8	8	9	9	8	5	5	5	3
7	7	7	7	7	3	3	4	4	4	4	8	8	8	6	6	6	6	2	2	6	6
8	8	8	8	7	4	4	5	5	5	5	5	4	4	6	6	2	2	6	6	6	6
8	8	8	8	4	4	7	7	7	7	7	7	7	4	4	3	3	3	4	4	4	4

4	4	4	4	5	5	4	4	4	2	2	4	4	4	4	3	3	3	7	7	5	5
3	3	3	5	5	5	4	5	2	6	6	6	6	6	6	2	2	7	7	7	5	5
1	4	4	4	4	1	5	5	2	4	4	4	4	8	8	8	8	2	2	7	7	5
2	6	1	2	2	5	5	7	7	7	7	7	7	7	8	8	6	9	9	9	9	9
2	6	6	7	3	3	3	5	5	5	5	5	2	2	8	8	6	6	6	6	6	9
6	6	6	7	7	4	4	8	8	8	8	8	8	3	3	3	5	5	3	3	3	9
4	4	4	4	7	7	4	4	6	6	6	8	8	4	4	4	5	5	5	2	2	9
9	9	9	9	9	7	7	3	6	6	6	2	2	4	5	5	7	4	4	4	4	9
8	8	9	9	9	9	3	3	2	2	7	7	7	5	5	5	7	7	6	6	6	6
8	8	8	8	8	8	2	2	7	7	7	7	4	4	4	4	7	7	7	7	6	6

4	5			4			4	3		3	9	2					9			2	2
							5			5					6		6	8			
9	9		9		5		5	4		5		3				6	6	4			
9	9			4			3			5			3	4	4				4	2	2
6				2				2	4				2			9	9		8		
		3	6		8							9			9			8			8
6	8		8		2		4	4		8		3			8		4	3	3	3	
		8	8	8	3			4		6				6						7	
		2	4						5	5				4			8	3			
		6		4	2					4							7	4			

				5				7		3		4						3			
	2			6						2	6	8			5	5	5	4			
					5	7	4	4				8			4			3			
	5		3					3		6					3	3	3	4		2	
			2		7		7	4			3	9	9	9		8			4		3
		2				7			3		8				9				5		
7			6		3					2		8		8		9		5			3
		7		7		3				4			8	6			6	2			
8	8	8	8		4						5		4			2	2				6
												7			3						4

	4			5	5	4		4	2					4		3			7		
3		3	5			4		2						6		2		7		5	
1					1			2				4				8		2	7	7	
	6		2	2									7			6					
	6	6		3		3					5		2	8						6	
6	6	6											3		3		5		3		
4			4	7			4		6	6	8	8						5	2		
			9			7	3	6			2		4	5						4	9
8	8		9					2				7	5				7				
					8		2					4							7	6	

5	5	3	3	3	7	7	7	7	7	7	7	2	2	4	4	1	2	2	9	9	9
5	5	5	2	2	6	6	6	6	6	6	3	3	3	4	4	3	5	5	9	9	9
9	9	9	9	9	9	9	4	2	2	3	5	5	5	5	5	3	3	5	5	5	9
9	9	2	2	6	6	6	4	4	4	3	3	4	4	4	2	2	7	7	7	7	9
3	3	3	4	4	6	6	5	5	5	2	2	4	7	7	3	3	3	7	7	7	9
6	6	6	3	4	4	6	5	5	7	7	7	7	7	5	5	5	2	2	3	3	3
6	6	6	3	3	9	9	9	9	9	5	5	3	3	3	5	5	9	9	9	2	2
4	4	2	2	4	4	9	9	9	9	5	5	5	2	2	3	9	9	9	9	9	9
4	4	3	3	3	4	4	3	3	6	6	6	6	4	4	3	3	4	4	4	3	3
2	2	6	6	6	6	6	6	3	6	6	2	2	4	4	2	2	4	2	2	3	1

4	4	8	8	8	9	9	9	9	9	3	3	3	5	5	5	5	5	7	7	7	2
4	4	8	8	8	8	3	3	3	9	9	9	7	7	7	2	2	7	7	7	7	2
5	5	5	5	5	8	2	2	5	8	8	9	7	7	3	3	3	5	5	5	5	5
8	8	6	6	6	5	5	5	5	8	8	8	7	7	2	2	6	6	6	6	6	6
8	8	6	6	6	4	4	4	4	8	3	8	4	2	3	3	3	5	5	5	5	5
8	8	4	4	5	5	5	5	5	3	3	8	4	2	5	5	2	2	4	4	4	4
8	8	4	4	6	6	6	2	2	7	7	7	4	4	5	5	9	9	9	9	9	9
3	3	6	6	6	2	2	4	4	4	4	7	7	7	7	5	9	3	3	3	9	9
1	3	4	4	4	4	7	7	7	7	3	3	3	4	4	4	5	5	5	5	5	2
2	2	3	3	3	2	2	7	7	7	2	2	1	4	3	3	3	4	4	4	4	2

7	7	7	7	7	2	2	3	3	3	8	8	8	8	2	2	9	9	2	2	4	4
3	7	7	4	4	4	4	8	2	2	6	6	8	8	8	8	9	9	7	7	7	4
3	3	4	6	6	6	6	8	6	6	6	7	7	7	9	9	9	9	9	7	7	4
4	4	4	6	6	7	7	8	8	6	7	7	7	7	3	3	3	5	2	2	7	7
6	6	7	7	7	7	7	8	8	9	9	9	9	8	8	8	8	5	4	4	4	4
6	6	6	6	4	4	8	8	9	9	9	9	9	8	8	8	8	5	5	3	3	3
8	8	8	8	4	4	7	7	7	7	4	4	4	4	6	6	6	6	5	2	2	1
8	8	8	8	7	7	7	4	2	2	9	9	9	9	6	6	8	8	4	4	4	4
4	4	4	4	5	5	4	4	3	3	3	9	9	4	4	4	4	8	8	8	8	8
3	3	3	5	5	5	4	2	2	9	9	9	5	5	5	5	5	4	4	4	4	8

Puzzle 322-324

5		3			7							2		4		1				9	9
		5	2		6						3			4			5	5	9	9	
		9			9		4	2			5	5			5					5	
			2								3		4		2	2	7			7	9
3	3	3			6		5				2	4	7			3		7	7	7	
			3		4	6	5	5			7				5	5	2			3	
6	6	6			9					5	5		3		5		9		9	2	
		2	2		4		9			5		5	2			9		9			9
	4		3			4	3		6			6	4		3						
	2	6					6			6	2				2		4	2			1

	4	8			9						3		5				5				
		8	8			3					9					2	7		7	7	2
5						2		5	8		9	7			3	3			5	5	
8	8	6	6			5								2			6			6	
				6	4				8	3		4	2	3			5				
		4	4		5			5	3					5	5		2	4			
		4	4		6		2		7									9			
3	3	6			2		4						7						3	9	
	3			4		7		7	7	3		3	4							5	
	2		3		2		7					1		3						4	2

7			7			2			3	8			8	2			9		2		4
3			4		4	4			2	6		8			8		9			7	
		4			6			6						9				9			
4	4	4			7	7			6	7		7	7	3		3		2	2		
		7		7	7			8	9			9		8				4		4	4
6				4				9			9	9		8	8	8	5				
8	8	8			4		7	7	7				4			6		5	2	2	1
8	8	8	8	7		7			2	9			9			8				4	
	4						4			3				4		4					8
	3	3	5			4	2			9					5				4		8

4	4	4	4	3	3	3	1	3	3	3	2	2	4	3	1	2	2	4	4	4	4
5	5	5	5	1	2	2	3	4	2	2	4	4	4	3	3	8	8	8	8	8	8
2	5	4	4	5	5	3	3	4	4	4	8	8	8	4	4	6	6	6	6	8	8
2	4	4	5	5	5	6	6	6	6	9	8	8	8	4	4	6	6	4	4	3	3
4	6	6	6	6	3	8	8	6	6	9	9	8	8	3	3	3	4	4	8	8	3
4	4	4	6	6	3	3	8	9	9	9	9	9	9	2	2	8	8	8	8	8	8
3	3	3	8	8	8	8	8	6	6	6	6	5	5	3	3	3	5	5	5	5	5
7	7	7	4	4	4	4	6	6	8	8	5	5	5	2	8	8	8	4	4	4	4
7	7	7	7	3	3	3	8	8	8	8	8	7	7	2	8	8	8	8	8	2	2
3	3	3	4	4	4	4	8	2	2	7	7	7	7	7	2	2	5	5	5	5	5

4	4	7	7	7	6	6	3	3	3	2	3	2	2	8	8	8	8	3	4	4	2
4	4	7	7	7	7	6	6	6	6	2	3	3	8	8	8	8	3	3	4	4	2
6	6	6	6	6	6	9	9	8	8	4	4	4	4	3	3	3	4	4	5	5	5
4	4	4	4	9	9	9	8	8	8	8	3	3	3	6	6	6	4	4	3	5	5
5	5	5	5	5	9	9	8	8	2	2	4	4	4	6	6	6	2	2	3	3	8
4	4	7	7	7	9	9	6	6	6	6	3	3	4	8	8	7	7	7	4	4	8
4	4	7	7	7	7	6	6	5	5	1	3	8	8	8	7	7	7	7	4	4	8
8	8	4	4	4	4	3	3	3	5	5	5	8	8	8	3	5	5	3	3	3	8
8	8	8	8	8	8	4	4	4	4	7	7	7	4	4	3	3	5	5	5	8	8
4	4	4	4	2	2	3	3	3	7	7	7	7	4	4	2	2	3	3	3	8	8

6	6	6	6	6	6	5	5	9	9	9	9	9	2	2	8	8	8	6	6	6	6
8	8	8	8	8	5	5	5	9	9	9	3	3	3	5	5	8	8	2	2	6	6
8	8	2	2	8	2	2	3	3	3	9	2	2	5	5	3	3	8	8	8	2	2
3	3	3	7	7	7	7	2	2	4	4	4	4	5	7	3	6	6	6	6	6	6
4	4	4	7	7	7	4	4	4	7	7	7	7	7	7	8	8	8	7	7	7	7
4	9	9	9	2	2	4	5	5	5	5	5	3	3	3	2	2	8	7	7	7	2
9	9	9	9	9	9	6	6	6	6	6	6	5	5	5	5	5	8	8	8	8	2
4	4	5	5	5	5	5	2	7	7	7	7	7	7	4	4	7	7	7	7	3	3
4	4	6	6	6	4	4	2	3	3	3	9	9	7	4	4	7	7	7	8	8	3
2	2	6	6	6	4	4	9	9	9	9	9	9	9	2	2	8	8	8	8	8	8

Puzzle 325-327

4				3		3	1				2				1			4		4	
5			5	1				4	2		4	4	4	3		8					8
2		4		5	5			4		4	8			4	4					8	8
			5		5	6		6		9				4	4		6				3
4	6							6	6		9					3	4		8	8	
		4	6	6	3	3		9				9	9		2		8				8
		3	8								6			3		3	5				5
	7	7	4						8	8		5	5	2	8			4			4
					3			8		8	8								8	2	
3		3	4				8	2						7	2				5		

									3	2	3	2				8					2
4	4	7	7	7		6			6				8		8		3		4		2
	6							8			4		4	3					5		
4	4			9			8			8		3			6			4	3		5
		5					8			2	4	4						2	3	3	
4		7	7		9					6		3	4	8	8	7		7			
4	4		7			6		5					8				7	7		4	
8		4					3		5	5	5	8	8						3	3	
		8						4		7			4			3	5	5			8
	4		4	2				3	7				4			2	3				

	6				6		5	9	9				2					6			
		8					5				3	3					8	2			
	8		2			2			3	9		2			3					2	
3		3	7			7	2		4			4	5			6					
		4			7	4					7				8			7	7	7	
4		9			2		5	5	5		5	3				2				7	
9			9	9	9						6	5				5				8	2
4		5										7		4	4	7				3	3
		6	6		4		2			3	9	9		4			7	7	8		3
2	2				4		9						9	2		8					

8	8	8	6	6	8	8	8	8	5	5	3	3	3	4	3	8	8	8	8	8	8
8	6	6	6	6	8	8	8	8	5	5	5	2	2	4	3	3	6	6	6	8	8
8	8	8	8	3	3	3	4	4	4	4	3	3	3	4	4	6	6	6	5	7	7
6	6	2	2	7	7	7	7	3	3	3	4	4	2	2	3	3	3	5	5	7	7
6	6	6	6	7	7	7	9	9	9	9	9	4	3	4	4	4	4	3	5	5	7
8	8	8	8	8	8	8	8	9	9	9	9	4	3	3	6	6	6	3	3	7	7
2	2	5	5	5	7	7	7	7	5	5	5	9	9	6	6	6	2	2	6	2	2
3	3	3	5	5	1	7	7	7	5	5	9	9	9	7	7	7	7	7	6	6	6
8	8	6	6	6	6	6	4	4	2	2	9	9	6	6	3	3	3	7	7	6	6
8	8	8	8	8	8	6	4	4	3	3	3	9	9	6	6	6	6	4	4	4	4

5	5	5	5	3	3	2	2	1	2	2	4	4	6	6	6	6	6	6	2	2	4
3	3	3	5	3	5	5	5	3	3	3	4	4	2	2	4	4	4	4	3	3	4
7	7	7	7	7	5	5	8	8	8	8	7	7	7	7	6	6	6	6	3	4	4
3	3	3	7	7	9	8	8	4	4	2	7	7	7	6	6	4	4	4	4	2	2
9	9	9	9	9	9	8	8	4	4	2	4	4	3	3	3	2	2	8	8	4	4
7	7	7	7	9	9	6	6	6	6	6	6	4	4	8	8	8	8	8	8	4	4
2	2	7	7	7	5	5	5	5	5	2	2	5	5	5	2	2	6	6	6	2	2
3	3	3	4	4	4	4	3	3	3	7	7	7	5	5	9	9	2	2	6	6	6
4	4	5	5	3	3	6	6	6	4	4	7	7	9	9	9	9	3	3	3	2	2
4	4	5	5	5	3	6	6	6	4	4	7	7	9	9	9	6	6	6	6	6	6

8	8	8	8	7	7	4	4	4	4	8	8	8	4	4	4	4	2	2	3	3	3
8	8	8	8	7	7	7	7	8	8	8	8	8	7	7	7	7	4	3	5	5	5
7	2	2	3	7	2	2	3	3	3	2	2	7	7	7	4	4	4	3	3	7	5
7	7	3	3	4	4	6	6	5	5	5	5	1	4	4	7	7	7	7	7	7	5
7	7	7	7	4	4	6	6	5	2	2	3	3	3	4	4	3	3	8	8	8	8
4	4	8	8	8	8	6	8	8	9	6	6	6	6	6	6	3	8	8	8	8	3
4	4	8	8	8	8	6	8	8	9	9	9	9	5	5	5	5	5	4	2	2	3
6	6	6	4	4	7	8	8	8	8	4	9	9	9	9	8	8	8	4	4	4	3
6	6	6	4	4	7	7	7	4	4	4	6	6	6	6	8	8	8	8	5	5	5
5	5	5	5	5	7	7	7	2	2	6	6	3	3	3	8	4	4	4	4	5	5

Puzzle 328-330

		8	6		8				5		3				3						
					8				5			2		4			6		6	8	
			8	3			4	4			3	3			4	6		6		7	
			2	7	7					3	4			2		3		5		7	
			6	7			9		9	9					4	4		3			
				8			8	9	9	9	9			3	6		6			7	
	2	5		5	7	7	7	7						6		6		2		2	
	3		5			7	7	7		5	9		9		7					6	
	8	6								2	9		6	6	3				7		
						6		4		3					6	6					4

			5	3					2	2			6			6			2		
		3	5		5		5	3		3	4		2	2				4		3	4
			7		5	5			8		7							6	3	4	
3	3				9	8					7	7		6				4			2
9			9	9	9		8	4	4	2	4		3		3		2	8	8	4	4
				9			6		6				4								
	2	7			5				5	2	2		5			2	6			2	2
3	3		4	4			3						5	5				2			6
4		5		3			6	6	4			7				9	3		3	2	
		5			3					4	7	7			9				6		

			8		7	4						8		4		4	2	2	3		
			8			7		8					7			7			5		
	2	2			2	2	3			2				7	4				3	7	
	7	3	3											4		7					
7			7	4	4		6	5	2		3		3	4	4	3	3	8			8
4		8	8	8	8		8					6			6					8	
		8						8				9		5		5	5			2	
6	6	6	4	4				8	8		9			9						4	3
	6	6		4			7		4					6	8	8					5
				5					2	6			3						4	5	

9	9	9	9	9	6	6	6	6	6	6	4	2	2	4	4	4	4	2	2	5	5
9	9	7	7	7	7	7	5	5	5	5	4	8	8	8	8	8	3	3	3	5	5
9	9	7	7	2	2	6	6	6	6	5	4	4	6	6	6	8	8	8	2	2	5
1	4	4	4	4	6	6	4	4	4	4	3	3	3	4	6	6	6	4	4	3	3
5	3	3	3	8	8	8	8	6	6	6	6	4	4	4	5	5	5	4	4	3	5
5	5	5	2	2	8	8	8	8	6	6	7	7	7	7	5	5	8	8	8	5	5
5	7	7	7	7	7	7	7	4	4	4	7	7	7	3	3	3	8	8	8	5	5
6	6	6	6	4	4	4	4	2	2	4	6	6	6	6	2	2	4	8	8	2	2
3	3	3	6	6	9	9	9	9	9	6	6	3	4	4	3	3	4	4	3	3	3
5	5	5	5	5	9	9	9	9	2	2	3	3	4	4	3	2	2	4	2	2	1

9	9	9	2	2	3	3	3	5	5	5	5	5	2	2	9	9	9	9	9	9	2
9	9	9	9	9	9	7	7	7	7	7	7	6	6	9	9	9	4	4	4	4	2
8	8	8	8	8	3	3	3	7	8	8	8	8	6	6	6	6	3	3	3	5	5
8	8	8	5	5	5	5	5	6	6	8	8	7	7	7	4	4	4	4	5	5	5
2	2	3	3	3	6	6	6	6	8	8	7	7	7	7	1	6	6	6	4	4	7
5	5	5	5	4	4	4	4	5	5	5	5	5	4	4	6	6	6	4	4	7	7
4	4	3	5	7	7	7	5	7	7	7	2	2	4	4	5	5	5	5	5	7	2
4	4	3	3	7	7	5	5	4	4	7	7	9	9	9	9	2	2	7	7	7	2
3	3	4	4	7	7	3	5	5	4	4	7	7	9	9	9	9	9	4	4	4	4
3	4	4	2	2	3	3	6	6	6	6	6	6	4	4	4	4	2	2	3	3	3

5	5	5	5	5	9	9	9	9	2	2	4	4	4	4	9	9	9	9	3	5	5
8	8	8	8	8	9	3	3	3	7	7	7	7	7	7	7	9	9	9	3	3	5
3	8	8	8	9	9	9	9	1	3	3	3	8	8	8	8	8	5	9	9	5	5
3	3	5	5	5	5	4	4	4	4	2	2	8	8	8	5	5	5	4	4	4	4
6	6	6	5	3	3	5	5	3	3	3	6	6	6	6	5	4	4	6	6	2	2
6	6	6	2	2	3	5	5	5	2	2	9	9	9	6	6	4	4	3	6	6	6
4	4	9	9	4	4	6	6	6	6	9	9	9	5	5	8	8	8	3	3	6	2
4	4	9	9	4	4	6	7	7	4	9	9	9	5	5	5	8	8	8	8	8	2
3	3	3	9	9	9	6	7	7	4	4	4	3	3	3	1	2	2	4	4	4	4
1	2	2	9	9	2	2	7	7	7	2	2	4	4	4	4	6	6	6	6	6	6

Puzzle 331-333

9		9		9						6	4		2			4		2			5
9	9			7									8			8	3		3		
9	9	7			2				6	5	4		6	6						2	
	4			4	6					4		3		4		6	6	4			3
5	3										6	4	4							3	
		5	2					8	6					7	5		8	8	8		
5	7						7	4	4		7	7	7		3			8	8		5
6					4		4		2	4					2			8			2
		3	6	6			9				6		4	4	3		4		3		3
5		5						9	2			3	4			2			2		

			2	2			3		5				2							9	
9	9						7				7		6			9			4		2
8		8			3			7	8							6			3		
	8		5				5					7	7	7				4			5
	2	3					6		8		7		7			6		6		4	
	5			4			4	5					4	4	6	6	6		4	7	
4	4	3		7			5	7			2		4		5				5		
			3		7	5		4				9			9	2					2
						3		5						9		9					4
3	4		2					6								4		2			3

5	5		5	5				9		2				4				9	3	5	
							3		7	7					7						
3			8	9			9	1					8			8	5		9	5	
	3		5			4			4	2	2	8								4	
		6		3	3		5			3		6			5		4			2	2
	6	6	2		3	5	5			2			9		6			3			6
	4								6	9	9		5	5	8	8	8		3		2
	4			4	4			7		9	9		5							8	
		3			9	6		7			4	3					2			4	
		2		9	2				7		2	4									6

4	4	4	4	5	5	4	4	4	4	6	6	2	2	9	9	9	5	5	5	5	5
7	7	7	7	7	5	5	5	8	8	6	6	6	6	3	3	9	9	4	4	4	4
2	2	5	5	7	7	2	2	8	8	7	7	4	4	3	9	9	9	9	6	2	2
5	5	5	6	6	6	6	8	8	8	8	7	7	4	4	6	6	6	6	6	4	4
3	3	3	6	6	3	3	5	5	5	5	5	7	7	7	5	2	2	5	5	4	4
5	5	5	5	5	3	2	2	7	7	7	7	5	5	5	5	3	3	3	5	5	5
8	8	8	8	2	2	3	3	3	7	7	7	2	2	6	6	1	6	6	6	6	6
8	8	4	4	9	9	9	9	2	2	5	4	4	4	6	6	4	4	4	2	2	6
8	8	4	4	9	2	2	5	5	5	5	4	8	8	6	6	2	2	4	3	3	3
3	3	3	9	9	9	9	8	8	8	8	8	8	4	4	4	4	5	5	5	5	5

9	9	9	9	9	3	3	3	5	5	4	4	4	4	7	7	6	6	6	6	6	6
8	8	8	8	9	9	5	5	5	6	6	6	6	3	3	7	7	7	5	5	2	2
8	8	2	2	9	9	3	3	3	6	6	2	2	3	7	7	3	6	6	5	5	5
8	8	3	3	3	7	7	7	7	4	4	5	5	5	5	5	3	3	6	6	3	3
2	2	5	5	5	5	5	7	7	7	4	4	3	3	4	4	4	4	6	6	3	1
3	3	3	4	4	4	8	8	8	8	8	8	3	2	2	5	5	5	5	5	2	3
2	2	8	4	3	3	3	7	7	8	8	6	6	6	6	4	4	7	7	7	2	3
8	8	8	8	8	8	8	7	7	3	3	6	6	7	7	4	4	7	7	7	7	3
4	4	5	5	5	5	7	7	7	3	4	4	4	7	7	7	9	9	9	9	2	2
4	4	5	4	4	4	4	5	5	5	5	5	4	2	2	7	7	9	9	9	9	9

6	6	6	6	6	6	4	4	4	4	8	8	8	8	8	3	3	3	4	4	4	4
5	5	5	9	9	5	5	5	5	5	8	8	8	5	5	8	8	8	7	7	7	7
5	5	9	9	8	3	3	3	8	6	6	6	6	5	5	8	8	3	3	7	7	7
9	9	9	9	8	8	8	8	8	6	6	8	8	8	5	8	8	3	5	5	5	5
9	7	7	7	2	2	8	5	5	8	8	8	8	8	3	8	2	2	5	3	3	3
4	4	7	7	3	3	3	5	5	5	4	4	4	4	3	3	6	6	6	6	5	5
4	4	7	7	9	9	9	9	7	7	7	3	3	3	2	2	4	4	6	6	5	5
5	5	5	5	5	9	9	7	7	7	7	4	2	2	3	3	3	4	3	3	3	5
4	4	3	9	9	9	3	3	3	4	4	4	5	5	5	5	5	4	6	6	6	6
4	4	3	3	5	5	5	5	5	6	6	6	6	6	6	3	3	3	6	2	2	6

	4								4				2				5				
7							5		8			6	6		3			4			
2				7	7		2					4		3	9						2
5			6				8		8	8			4		6						4
		3	6	6			5						7		5	2	2	5	5		
5			5		3	2		7		7		5								5	5
			8		2	3						2				1	6		6		6
	8								2	5	4			6		4			2		
8	8	4	4		2	2		5				8	8		6	2			3		
3			9				8							4					5		

9					3								4		7	6					
								5				6		3				5		2	
	8	2			9	3						2	3				6				5
8		3			7			7	4						5	3		6	6		
2			5			5	7				4						4	6	6		1
3				4				8			8	3		2	5			5		2	
	2	8		3		3	7	7						6			7	7	7	2	
	8		8			8		7		3	6			7		4	7				
	4				5			7		4	4	4	7			9			9	2	
						4			5					2		7		9			

6						4								8		3		4			
5	5			9	5			5				8		5	8		8	7		7	
	5	9	9		3	3	3		6		6	6						3	7		
			9		8				6	6			8	5	8		3			5	5
9		7		2	2			5				8	8				2	5			3
			7			3	5				4		4	3						5	5
	4	7	7	9			9	7	7	7	3			2				6		5	
				5		9					4		2	3				3			
	4	3				3	3	3	4			5		5	5		4				
					5								6				3	6	2		

5	5	3	3	5	5	8	8	8	8	9	9	9	9	9	9	3	3	3	4	4	4
5	5	3	5	5	5	6	8	8	8	8	2	2	1	7	9	9	9	1	6	6	4
5	2	2	3	3	3	6	6	6	6	6	3	3	3	7	7	7	7	7	7	6	6
6	6	6	6	6	6	4	4	5	5	5	5	4	4	4	1	8	8	8	6	6	4
4	4	3	3	1	4	4	6	6	6	6	5	4	3	3	3	8	8	8	8	8	4
4	4	3	6	6	3	3	3	6	6	4	3	8	8	8	8	9	9	9	9	4	4
7	7	7	7	6	6	6	6	4	4	4	3	3	8	8	8	8	9	9	9	2	2
7	7	7	5	5	3	3	3	6	6	6	6	6	4	4	4	4	9	9	4	4	3
2	2	5	5	5	9	9	9	4	4	4	6	3	6	6	6	6	6	6	4	4	3
3	3	3	9	9	9	9	9	9	4	2	2	3	3	7	7	7	7	7	7	7	3

5	5	5	5	5	8	8	8	8	5	5	5	5	9	9	9	9	3	3	3	9	9
3	3	3	4	4	3	3	3	8	8	8	8	5	9	9	9	9	4	4	9	9	9
5	5	4	4	1	2	2	4	4	4	4	2	2	9	2	2	5	4	7	2	2	9
5	5	5	2	2	5	6	6	5	5	5	4	4	5	5	5	5	4	7	9	9	9
8	8	8	8	5	5	6	6	6	6	5	5	4	4	7	7	7	7	7	2	2	3
8	8	8	8	5	5	3	3	3	7	7	7	7	7	6	6	6	6	6	6	3	3
4	4	3	3	3	2	2	5	4	7	7	9	9	9	9	9	9	9	9	9	2	2
4	4	2	2	5	5	5	5	4	4	4	8	4	4	4	7	7	7	7	3	3	3
2	2	9	9	9	9	9	3	3	8	8	8	4	5	5	7	7	7	9	9	9	9
3	3	3	9	9	9	9	3	8	8	8	8	5	5	5	9	9	9	9	9	2	2

4	3	3	3	1	2	2	4	9	9	9	5	5	5	5	5	4	4	6	6	6	6
4	4	4	2	2	4	4	4	9	9	9	9	9	9	8	8	4	4	2	2	6	6
6	6	6	6	5	5	8	8	8	5	5	4	4	4	4	8	8	8	5	5	2	2
6	6	5	5	5	8	8	5	5	5	7	7	7	7	7	7	7	8	8	5	5	5
9	9	9	9	9	8	8	8	3	3	6	3	3	4	4	4	4	8	6	6	2	2
9	9	9	8	8	7	7	7	7	3	6	6	3	6	6	2	2	6	6	6	6	8
9	8	8	8	8	7	7	7	6	6	6	4	4	6	6	6	6	8	8	8	8	8
3	8	8	5	5	4	4	5	5	5	4	4	5	5	4	4	4	4	5	5	8	8
3	3	5	5	5	3	4	4	5	5	3	3	3	5	5	6	6	6	6	5	5	5
4	4	4	4	3	3	2	2	4	4	4	4	2	2	5	6	6	3	3	3	2	2

	5	3	3	5		8				9						3					4
	5					6			8		2	2	1	7	9				6		4
5		2	3			6		6		6									7		6
6							4		5		5		4	4			8	8	6		4
	4							6		6		4	3			8	8	8		8	
4	4	3	6		3	3		6	6			8			8						
		7								4		3	8	8	8	8					2
	7		5	5	3		3					6	4					9		4	3
	2	5					9			4	6	3	6					6	4		
	3		9					9		2									7		

5					8				5			5	9				3				
	3				3		3			8				9				4	9		
5	5			1					4		2		9	2			4		2		
5	5	5	2	2			6	5	5	5	4	4	5			5	4		9		
				5		6	6	6										7	2		
	8			5	5			3	7	7			7	6		6			6		3
	4	3	3		2			4	7	7					9		9			2	
		2		5		5							4	4	7	7				3	3
2	2			9			3		8			4			7			9			9
		3					3	8			8			5	9		9				2

				1			4					5		5		4				6	
4	4	4		2	4	4	4	9	9		9		9	8					2		6
			6	5				8	5		4						8	5			2
					8		5	5		7											
9	9			9		8				6	3		4					6		2	2
			8	8	7	7		7	3			3			2	2	6				
	8								6		4		6		6		8				
3			5	5	4				5	4				4			4	5			
		5			3		4		5	3								6	5		5
4						2					4		2	5					3		2

7	7	7	9	9	9	9	9	5	5	5	5	9	9	9	9	6	4	4	8	8	8
7	7	7	7	2	2	9	9	5	4	4	2	2	9	9	6	6	4	4	8	8	8
4	4	3	3	4	4	9	9	6	6	4	3	3	9	9	9	6	6	6	8	8	4
4	4	3	4	4	3	3	6	6	3	4	3	6	6	6	6	3	3	3	4	4	4
2	2	4	6	2	2	3	6	6	3	3	4	4	4	4	6	6	2	2	3	3	3
4	4	4	6	6	6	6	2	2	5	5	8	8	8	8	8	8	8	8	6	6	6
7	7	7	7	7	7	6	3	3	3	5	5	4	4	7	2	2	7	7	6	6	6
7	9	9	9	3	3	3	4	4	4	4	5	4	4	7	7	7	7	4	4	4	4
9	9	9	9	9	9	6	6	6	3	3	3	5	5	5	8	6	6	6	6	6	6
2	2	4	4	4	4	6	6	6	4	4	4	4	5	5	8	8	8	8	8	8	8

2	2	5	5	7	7	7	7	7	7	7	2	2	7	7	7	7	7	7	7	4	4
5	5	5	4	2	2	4	4	4	4	3	3	3	2	2	5	5	5	6	6	4	4
3	2	2	4	4	4	8	8	8	8	8	8	8	8	6	5	5	6	6	6	6	2
3	4	4	2	8	8	9	9	9	3	2	2	5	5	6	6	6	4	4	4	4	2
3	4	4	2	8	8	9	9	3	3	5	5	5	3	3	6	6	2	2	5	5	5
5	5	5	8	8	8	8	9	9	9	9	1	2	2	3	4	4	8	8	8	5	5
5	5	7	7	7	7	7	7	2	2	4	4	4	4	2	2	4	4	8	8	8	8
4	4	3	3	3	7	2	2	7	7	7	7	7	7	7	5	5	5	3	3	3	8
4	4	6	6	4	4	3	4	4	4	4	9	9	9	9	5	5	3	5	5	5	5
6	6	6	6	4	4	3	3	2	2	9	9	9	9	9	2	2	3	3	2	2	5

2	2	4	4	4	4	2	2	8	8	8	8	8	4	4	4	4	9	9	9	4	4
6	6	6	6	6	6	4	4	4	4	8	8	8	7	7	7	7	9	9	9	4	4
4	4	4	4	5	5	5	5	5	6	6	4	4	7	7	4	4	4	9	9	9	3
9	8	8	8	8	7	4	4	4	4	6	6	4	4	7	4	7	7	7	7	3	3
9	8	8	8	8	7	7	7	7	7	7	6	6	9	9	7	7	7	8	8	8	8
9	9	9	9	9	9	9	2	2	9	9	9	9	9	9	4	4	8	8	8	8	2
3	3	3	7	5	5	5	5	5	9	8	8	8	3	3	3	4	4	7	5	5	2
4	4	4	7	7	7	7	7	8	8	8	8	8	4	4	2	2	7	7	5	5	5
4	5	5	5	5	5	7	3	3	3	6	6	6	4	4	7	7	7	7	8	8	2
3	3	3	2	2	4	4	4	4	6	6	6	3	3	3	8	8	8	8	8	8	2

		7		9			9	5					9		9	6	4		8		
7			7		2	9					2				6		4		8		8
4			3		4		9		6	4			9						8	8	
4	4		4				6	6	3		3	6					3			4	
	2		6	2		3		6	3			4					2		3		3
4		4				6		2			8							8		6	
					7		3		3	5		4				2					6
7			9	3		3	4						4	7	7			4			4
9		9			9		6		3						8	6					
2				4				6	4				5	5							

2				7	7		7		7		2								7		
5				2				4		3			2				5		6		4
3	2				4		8				8				5	5					2
	4				8	9		9			2	5	5			6	4		4	4	
		4	2	8		9		3	3	5				3				2	5		
		5	8							9	1				4		8		8	5	
	5	7							2	4			4		2		4				
	4	3				2		7									5	3	3	3	
	4	6		4			4				9	9	9				3				5
				4		3		2							2	2			2		

2		4				2						8		4		4	9		9		4
6						4			4	8		8							9		
4			4	5							4	4			4		4			9	
9	8				7	4						4	4	7	4			7	7		3
			8	8	7	7					6				7		7				8
			9			9	2	2				9		9	4		8			8	
3	3							5	9	8	8	8			3	4		7		5	2
4							7			8	8	8		4		2	7				
	5				5				3	6			4			7		7	8	8	2
3			2			4		4				3									

4	4	3	3	3	4	4	4	4	7	7	7	7	2	2	8	8	6	4	4	8	8
4	4	7	7	6	6	6	8	8	8	5	5	7	7	7	8	8	6	6	4	4	8
7	7	7	7	6	6	6	8	8	8	8	5	5	5	8	8	8	8	6	8	8	8
7	4	4	3	1	3	3	3	8	2	2	7	7	7	7	7	7	7	6	6	8	8
4	4	3	3	4	4	4	4	3	3	3	4	4	4	4	3	3	3	5	5	2	2
6	6	4	4	6	6	6	5	5	4	4	7	7	7	7	7	7	7	3	5	5	5
6	6	4	4	2	2	6	5	5	5	4	4	6	6	6	6	5	5	3	3	6	6
6	6	5	5	9	9	6	6	8	8	3	3	3	4	4	6	6	5	4	4	6	6
4	4	4	5	9	9	9	9	9	8	8	2	2	4	4	8	8	5	5	4	4	6
4	2	2	5	5	2	2	9	9	8	8	8	8	2	2	8	8	8	8	8	8	6

4	4	4	4	6	6	6	4	4	4	4	7	7	5	5	5	8	8	8	2	2	4
8	8	8	8	6	6	6	7	7	7	7	7	5	5	8	8	8	2	2	4	4	4
8	8	3	8	8	2	2	4	4	4	4	6	6	8	8	4	4	4	4	3	3	3
2	2	3	3	6	6	6	2	2	6	6	6	6	5	5	5	3	3	7	7	4	4
9	9	6	6	6	3	3	4	4	9	9	9	9	9	5	5	3	5	5	7	4	4
9	9	9	2	2	3	4	4	9	9	9	9	4	4	4	4	5	5	7	7	7	7
2	2	9	9	9	5	5	5	6	4	4	3	3	3	2	2	5	3	3	3	2	2
6	6	6	6	9	5	5	6	6	6	4	4	2	2	3	3	3	5	5	5	5	5
3	3	3	6	6	8	8	2	2	6	6	3	3	3	6	6	6	6	4	4	4	4
2	2	8	8	8	8	8	8	9	9	9	9	9	9	9	9	9	6	6	3	3	3

6	6	3	3	3	4	4	3	7	7	7	7	7	7	2	2	4	4	4	4	7	7
4	6	6	6	6	4	4	3	3	5	4	4	3	7	3	3	3	7	7	7	7	7
4	4	4	3	3	3	5	5	5	5	4	4	3	3	8	8	8	8	8	8	8	8
3	3	3	6	6	6	6	6	7	7	7	7	4	4	4	7	7	7	7	7	7	7
9	9	9	9	9	9	9	6	7	7	7	6	6	3	4	5	5	3	3	3	2	2
3	5	5	5	5	9	9	4	4	4	4	6	6	3	3	5	5	5	4	4	4	4
3	3	2	2	5	2	2	6	3	3	3	6	6	8	8	2	2	6	6	3	3	3
4	4	4	4	3	3	3	6	8	8	8	8	8	8	6	6	6	6	4	4	4	4
7	7	7	7	7	7	7	6	6	2	2	4	4	4	4	7	7	7	7	7	7	7
4	4	4	4	3	3	3	6	6	1	3	3	3	5	5	5	5	5	4	4	4	4

		3				4								2			6	4		8	
4		7	7	6	6	6	8							7				6			
7	7				6	6				8			5			8	8		8		
		4	3				3	8	2								7	6			
		3					4	3					4				3	5		2	2
					6		5					7	7			7			5		
	6	4			2		5		5		4	6				5	5		3	6	
6		5			9	6		8		3		3	4	4		6		4	4		
4		4				9						2		4		8			4	4	
		2		5	2			9	8					2							

			4				4								5		8		2		
				6			7					5				8	2				4
				8	2	2	4				6				4	4	4		3		3
2	2		3			6	2		6			6	5			3			7	4	
					3	3								5				5			
				2	3		4	9			9	4				5	5	7			7
	2			9	5		5	6	4	4	3			2			3		3		2
		6									4	2				3	5				5
	3	3			8	8		2		6		3					6	4			
	2	8		8												9			3		

	6		3				3								2	4					
4	6			6	4			3	5		4		7		3		7				
		4		3				5		4	4		3		8						
3			6									4				7			7		
9							6	7	7		6		3	4		5		3	3	2	
3	5				9		4						3		5	5		4			
		2			2		6	3			6			8	2		6	6	3		
4		4	4	3				8						6					4		4
				7						2	4			4							7
			4	3			6		1								5		4		

8	8	8	8	2	2	4	2	2	4	4	4	7	7	7	4	4	4	4	3	3	3
8	8	8	3	3	3	4	4	4	2	2	4	6	7	7	7	7	6	6	6	6	4
8	3	3	7	7	7	7	5	5	5	5	5	6	8	8	2	2	6	6	3	3	4
7	7	3	4	4	4	7	4	4	4	4	6	6	8	8	4	4	4	4	3	4	4
7	7	7	7	7	4	7	7	2	2	6	6	8	8	2	2	5	5	2	2	3	3
5	5	5	9	9	9	9	9	4	4	4	3	3	8	8	3	5	5	5	4	4	3
4	5	5	9	9	3	3	3	2	2	4	3	7	7	7	3	3	6	6	6	4	4
4	4	4	7	9	9	2	2	8	8	8	4	4	4	7	7	7	2	2	6	6	6
3	3	7	7	7	7	7	8	8	8	8	4	2	2	7	5	5	5	4	4	4	4
1	3	7	4	4	4	4	8	6	6	6	6	6	6	1	5	5	3	3	3	2	2

5	2	2	3	5	5	3	3	3	8	5	5	5	5	5	3	3	6	6	3	3	3
5	5	3	3	5	4	4	4	4	8	8	8	8	4	4	3	6	6	6	6	4	4
5	5	2	2	5	5	7	7	7	8	4	4	8	8	4	4	7	7	7	7	4	4
2	2	4	4	4	4	7	5	5	4	4	6	6	6	6	7	7	5	5	5	5	5
1	3	3	3	9	9	7	7	5	5	5	6	6	8	8	7	6	6	6	6	2	2
8	8	8	9	9	9	9	7	2	2	8	8	8	8	8	6	6	7	7	7	7	7
8	8	8	9	9	9	3	3	3	5	8	7	7	7	4	5	5	3	7	7	5	5
4	8	8	7	2	2	5	5	5	5	4	4	7	7	4	5	5	3	3	5	5	5
4	4	4	7	7	9	9	9	9	9	4	4	7	7	4	4	5	4	4	3	3	3
7	7	7	7	3	3	3	9	9	9	9	6	6	6	6	6	6	4	4	1	2	2

9	9	9	9	9	1	4	4	8	8	8	8	8	8	8	8	2	2	4	4	4	4
9	9	9	9	5	5	4	4	3	3	3	4	4	4	4	7	7	7	7	7	7	7
2	6	6	6	6	5	5	5	2	2	6	6	6	6	3	2	2	5	5	2	2	5
2	6	6	2	2	4	4	3	3	3	6	6	2	2	3	3	5	5	3	3	3	5
5	5	5	5	5	4	4	5	5	5	5	4	4	4	2	2	5	2	2	5	5	5
7	7	7	2	2	7	7	7	6	6	5	4	2	2	8	4	4	4	4	6	6	6
7	7	4	4	7	7	6	6	6	6	2	2	8	8	8	8	8	3	3	6	6	6
7	3	4	4	7	7	4	4	4	4	3	3	3	6	6	8	8	3	4	4	4	4
7	3	3	2	2	6	6	6	6	6	6	4	4	6	3	3	3	2	2	3	3	3
9	9	9	9	9	9	9	9	9	2	2	4	4	6	6	6	4	4	4	4	2	2

	8			2		4	2		4						4		4				3
			3							2			7			7	6				
			7				5				5				2			6			4
7	7	3	4						4						4			4	3		
		7		7			7		2	6		8		2		5		2	2	3	3
5		5									3				3			5			
	5	5		9	3			2	2	4		7	7						6	4	
	4				9	2							4			7		2		6	6
3	3	7			7	7				8			2	7	5		5				4
	3		4			4		6					6			5			3		2

5		2			5	3								5		3	6	6	3		
	5	3				4	4									6				4	
5	5	2		5	5						4		8		4		7			4	
		4			4	7	5		4				6	6			5	5	5		5
1	3	3	3			7				5	6	6							6		2
				9			7		2					8	6	6					7
		8	9	9		3			5	8			7			5	3	7		5	5
	8	8		2		5					4		7	4	5			3		5	
		4		7	9	9					4	7	7		4				3		3
						3	9			9		6					4		1		

9	9	9					4	8						8			2			4	
9	9	9	9	5		4	4		3				4			7					7
2	6						5		2	6			6			2			2		
			2	2	4	4	3				6	2			3		5	3		3	5
5		5					5						4		2		2		5		
		7	2							5			2		4						
				7		6	6		6		2		8						6	6	6
		4	4	7	7	4				3							3		4		
7		3	2		6					6	4			3	3	3	2		3	3	3
			9			9				2	4		6			4				2	

2	5	5	5	3	3	3	1	2	2	3	3	5	5	5	3	3	3	2	2	4	4
2	5	5	7	7	5	5	4	4	4	4	3	5	5	2	2	5	5	5	5	5	4
7	7	7	7	7	5	5	5	6	6	7	7	7	7	4	4	4	7	7	7	7	4
4	4	4	4	2	2	6	6	6	6	7	7	7	3	3	3	4	2	2	7	7	7
8	8	8	8	3	3	3	4	4	5	5	5	5	5	9	2	2	6	6	6	2	2
8	8	9	8	8	2	2	4	4	8	8	8	8	9	9	6	6	6	4	4	4	4
2	2	9	9	3	3	3	6	6	8	8	8	8	9	9	3	3	3	7	7	7	7
9	9	9	9	9	6	6	6	6	3	9	9	9	9	6	6	6	8	8	7	7	7
6	6	6	6	9	8	8	8	8	3	3	2	2	6	6	6	3	3	8	8	2	2
2	2	6	6	8	8	8	8	1	2	2	4	4	4	4	2	2	3	8	8	8	8

9	9	4	4	4	4	3	3	3	5	5	5	5	4	4	4	4	7	7	7	7	3
9	9	9	9	9	9	9	2	2	5	4	4	9	3	3	3	7	7	7	5	5	3
7	7	4	4	3	2	2	3	3	3	4	4	9	9	4	4	4	4	5	5	5	3
7	7	4	4	3	3	4	4	4	9	9	9	9	6	6	6	6	6	1	2	2	1
7	7	7	3	2	2	4	6	6	9	9	5	5	5	5	5	6	2	2	3	3	3
6	6	6	3	3	6	6	6	5	5	6	6	6	6	7	7	7	7	7	7	2	2
6	6	6	2	2	6	3	3	3	5	5	5	6	6	7	8	8	8	8	4	4	4
3	3	3	1	5	5	5	8	8	2	2	8	5	8	8	8	3	3	8	2	2	4
4	4	4	4	1	5	5	8	8	8	8	8	5	5	5	5	3	4	4	6	6	6
2	2	3	3	3	7	7	7	7	7	7	7	3	3	3	2	2	4	4	6	6	6

3	3	3	5	5	5	5	5	8	8	8	8	3	3	3	2	2	6	6	6	6	6
8	8	8	8	8	8	6	6	8	8	8	8	2	2	8	8	8	8	8	8	8	6
7	7	3	3	8	8	6	6	6	6	2	3	3	3	1	9	9	9	8	4	4	4
7	7	7	3	2	2	4	8	5	5	2	4	4	4	4	9	9	9	9	9	9	4
7	7	2	2	4	4	4	8	8	5	5	5	2	2	1	7	7	7	7	7	8	8
2	2	3	3	6	6	8	8	8	8	8	3	3	3	7	7	8	8	8	8	8	8
8	8	3	6	6	6	4	4	4	4	5	5	5	9	9	9	9	9	9	9	9	9
8	8	5	5	5	6	8	8	8	8	8	8	5	5	4	4	4	4	6	4	4	4
8	8	5	5	3	3	3	8	8	3	3	9	9	9	6	6	6	6	6	4	2	2
8	8	2	2	4	4	4	4	2	2	3	9	9	9	9	9	9	5	5	5	5	5

Puzzle 349-351

2	5			3					2	3			5				3		2		4
	5		7		5					4	3			2						5	
	7				5		5	6	6		7		7	4			7			7	
4		4	4		2				6		7		3		3		2				7
			8	3		3	4		5		5		5	9		2				2	
8		9			2			4							6	6	6	4			4
2	2		9	3				6		8	8	8					3	7			
					6				3	9				6			8				7
6	6		6		8	8			3	3		2	6			3					2
	2	6						1					4		2						8

	9	4						3		5						4	7			7	3
						9		2		4	4	9			3	7		7	5	5	
	7	4	4			2	3		3						4					5	
			4	3		4							6				6			2	1
			3	2				6		9	5					6		2			
6	6	6		3		6	6	5			6								7	2	
6	6				6	3			5		5		6	7				8			
3			1		5	5	8	8	2		8			8		3	3			2	4
4					5	5	8								5	3		4		6	
	2	3						7					3			2		4			

		3				5		8	8	8	8			3	2				6		
	8				8	6	6	8				2	2	8						8	
	7	3							6	2				1			9	8		4	
		7	3	2	2		8		5		4	4		4						9	4
		2			4		8	8			5			1					7		
2	2		3	6	6	8		8	8		3	3	3		7						8
							4							9							9
	8	5		5	6						8	5	5	4							
			5		3		8	8						6					4	2	
			2	4			4		2	3	9	9					5				

2	2	7	7	6	6	6	6	6	6	8	8	8	8	6	6	5	5	5	5	2	2
7	7	7	9	9	9	9	9	2	2	8	8	8	8	6	6	5	6	6	6	6	4
7	7	9	9	9	9	4	4	4	4	3	3	3	6	6	2	2	6	6	4	4	4
4	4	5	5	5	5	5	9	5	5	4	4	4	4	3	3	3	5	5	5	7	7
4	4	2	2	3	3	3	9	5	5	5	8	8	8	8	8	8	5	5	7	7	7
6	6	6	4	4	4	4	9	9	9	8	8	5	5	5	5	5	3	3	3	7	7
6	6	6	3	3	3	9	9	9	9	3	3	4	4	4	4	6	6	6	6	6	2
4	4	4	4	5	5	4	4	4	4	3	8	8	8	8	8	6	9	9	9	9	2
2	2	5	5	5	3	2	2	7	7	7	8	4	4	8	8	5	9	9	9	9	9
3	3	3	2	2	3	3	7	7	7	7	4	4	3	3	3	5	5	5	5	2	2

4	4	4	4	2	2	6	2	2	7	7	7	2	2	4	4	4	4	5	5	2	2
2	2	6	6	6	6	6	4	4	4	7	7	7	7	2	2	3	3	3	5	5	5
4	4	7	7	7	7	7	7	7	4	5	5	3	3	4	4	4	4	9	9	9	9
4	4	2	2	3	3	3	2	2	5	5	5	3	2	2	9	9	9	9	8	8	9
5	5	5	4	4	4	4	9	9	2	2	6	6	3	3	3	8	8	8	8	3	3
5	5	7	7	7	7	7	9	9	3	3	6	6	6	6	4	4	8	8	6	6	3
3	3	3	7	7	9	9	9	9	9	3	4	4	7	4	4	6	6	6	6	8	8
8	8	8	8	3	5	5	5	5	5	4	4	6	7	7	9	9	4	4	4	4	8
8	8	6	6	3	3	4	4	4	3	3	6	6	7	7	9	9	9	9	9	9	8
8	8	6	6	6	6	2	2	4	3	6	6	6	7	7	2	2	9	8	8	8	8

2	2	3	3	3	5	5	5	5	5	2	2	3	3	3	4	4	6	6	6	6	4
5	5	5	8	8	3	3	7	2	2	6	6	6	2	2	4	4	6	6	4	4	4
5	3	3	3	8	8	3	7	7	7	6	8	8	8	8	7	7	7	7	3	3	3
5	2	2	8	8	8	8	7	7	7	6	6	9	8	8	7	7	7	5	5	5	5
3	7	7	7	7	7	9	9	9	9	9	9	9	8	8	3	8	8	5	4	4	4
3	3	7	7	2	5	5	5	6	6	6	6	9	2	2	3	3	8	8	2	2	4
4	4	4	4	2	4	4	5	5	6	6	4	4	4	4	8	8	8	8	6	6	6
6	6	6	6	5	5	4	4	7	7	7	7	2	2	7	7	7	7	7	6	6	6
6	3	3	3	5	5	5	2	7	7	6	6	6	6	7	7	6	6	5	5	5	5
6	2	2	4	4	4	4	2	7	2	2	6	6	4	4	4	4	6	6	6	6	5

	2								6				8		6	5				2	
						9	9		2		8	8	8		6		6				
7	7	9	9	9	9		4		4		3	3		6	2		6	6	4	4	4
						5	9				4				3		5		5	7	
	4		2		3					5						8	5				
	6	6				4		9	9	8		5		5			3		3		
					3	9		9	9				4			6		6	6	6	
4		4			5		4			3					8	6					2
	2	5		5	3	2	2	7			8			8		5	9	9			
		3		2							4		3								2

			4	2			2						2			4					2
2	2	6					4			7				2		3		3			5
4		7							4								4				9
	4	2	2	3	3		2			5	5	3		2					8		9
					4		9		2				3	3						3	
5		7		7	7	7			3			6			4					6	
3				7	9					3		4	7	4		6			6	8	8
8				3	5		5		5			6			9	9	4				
8		6	6							3			7		9						
	8	6					2	4	3						2			8			

2				3				5		2				3		4	6			6	4
	5	5			3	3		2	2			6		2	4		6		4		
5		3				3		7		6				8	7		7			3	
	2	2			8				7	6	6										5
3	7		7		7	9							8			8	8		4		4
		7		2	5			6					2	2	3		8		2	2	
4					4		5			6	4				8					6	
6	6		6		5							2							6		6
			3			5			7	6		6	6		7	6	6				5
		2				4	2		2						4					6	

2	2	6	2	2	3	3	4	4	4	4	3	3	2	2	7	7	7	7	7	8	8
6	6	6	6	6	3	7	7	7	7	2	2	3	8	8	3	3	3	8	7	7	8
8	8	8	8	2	2	7	7	7	5	5	5	8	8	8	8	2	2	8	8	8	8
8	8	8	8	6	3	3	3	5	5	3	3	8	8	2	2	4	4	7	7	7	7
6	6	6	6	6	2	2	7	7	7	3	1	2	2	5	5	5	4	4	7	7	7
2	2	5	5	5	5	5	7	7	7	7	3	3	3	5	5	2	2	6	6	2	2
8	8	2	2	3	3	3	6	6	6	4	4	4	2	2	7	7	7	6	6	6	6
8	8	5	5	5	5	5	6	6	6	4	7	7	7	4	4	7	7	7	7	4	4
8	8	4	4	7	7	7	7	7	5	5	5	5	7	4	4	3	5	5	5	4	4
8	8	4	4	7	7	4	4	4	4	5	7	7	7	2	2	3	3	5	5	2	2

6	6	6	2	2	6	6	6	6	7	7	7	7	7	7	2	2	3	8	8	8	8
6	6	6	3	3	3	6	6	2	2	4	4	4	4	7	8	8	3	3	8	8	8
5	5	5	5	5	2	2	7	7	7	9	9	3	3	3	8	8	6	6	4	4	8
6	6	6	6	6	6	7	7	7	9	9	9	9	6	6	8	8	6	6	4	4	3
2	2	5	5	2	2	7	4	4	4	4	9	9	6	8	8	6	6	2	2	3	3
3	3	3	5	5	5	2	2	3	3	3	9	5	6	6	6	8	8	8	8	2	2
4	4	4	4	1	7	7	6	6	6	6	5	5	5	5	8	8	6	6	3	3	3
7	7	7	3	3	3	7	7	6	6	4	4	4	4	8	8	6	6	6	9	9	9
7	7	8	8	8	8	7	7	9	9	9	9	3	3	3	2	2	6	3	3	3	9
7	7	8	8	8	8	7	9	9	9	9	9	5	5	5	5	5	9	9	9	9	9

4	4	3	3	2	2	6	2	2	5	2	2	5	5	5	5	5	2	2	6	6	6
4	4	3	6	6	6	6	5	5	5	5	8	8	8	8	2	2	3	3	3	6	6
2	2	4	4	4	4	6	2	2	8	8	8	8	3	3	1	9	9	9	9	9	6
7	7	7	7	7	7	7	3	3	3	4	4	4	4	3	2	2	1	9	9	9	9
2	8	8	8	8	9	2	2	5	5	8	8	8	2	2	5	4	4	4	4	6	6
2	8	8	8	8	9	9	5	5	5	8	8	5	5	5	5	3	3	3	2	2	6
3	3	3	6	6	6	9	9	9	9	8	8	8	4	4	4	4	2	2	6	6	6
9	9	9	6	6	6	2	2	9	9	2	2	4	3	2	2	3	3	3	2	2	4
9	9	5	5	5	3	3	3	2	2	4	4	4	3	3	8	8	8	8	4	4	4
9	9	9	9	5	5	4	4	4	4	5	5	5	5	5	8	8	8	8	3	3	3

	2	6		2						4	3		2			7				8	
6	6			6	3	7	7		7		2		8	8			3	8			
				2	2			7			5	8			8		2				
		8		6	3						3	8	8		2		4		7		
6	6	6				2	7		7		1					5		4			
	2			5	5	5					3		3		5		2			2	2
	8		2	3			6	6	6		4	4	2				7		6		
				5	5									4		7	7		7	4	
		4	4	7				7			5	5			4	3	5			4	
		4							4	5		7			2					2	

			2	2				6	7							2					
	6	6		3				2			4			7	8	8		3	8		
			5	5		2	7	7	7	9	9	3				8	6	6	4		
6	6	6		6				7				9			8	8		6		4	
	2				2			4		4		9	6	8	8				2	3	
3	3	3				2		3			9	5						8		2	
	4		4	1			6	6		6					8		6			3	
		7	3		3			6			4	4	4			6		6	9		
7	7		8				7	9			9			3	2				3	3	
	7	8				7	9								5		9				

			3		2			2			2	5				5		2	6	6	6
	4	3				6	5				8						3	3			
	2				4		2		8			8	3			9			9	9	6
	7					7		3		4				3			1		9		9
2	8	8			9		2	5		8			2			4	4		4		
			8	8			5			8		5				3			2		6
3	3	3			6					8			4					2			
				6		2				2				2				3	2		
					3				2			4	3			8	8	8	4		
			9	5		4			4		5			5			8	8		3	

2	2	8	8	8	8	8	4	4	9	9	9	9	5	5	5	4	4	1	2	2	1
6	6	3	3	3	8	8	8	4	7	7	9	9	9	9	5	5	4	4	3	3	3
6	9	9	9	7	7	7	7	4	7	7	7	7	9	2	2	9	9	9	2	2	5
6	6	6	9	7	7	7	2	2	7	5	5	5	5	5	3	9	9	5	5	5	5
9	9	9	9	9	2	2	4	4	8	8	8	8	8	8	3	3	9	9	9	4	4
1	2	2	5	5	5	5	5	4	4	8	6	6	6	6	5	5	2	2	9	4	4
2	4	4	4	4	3	3	3	2	2	8	6	6	3	3	3	5	5	5	3	3	3
2	7	6	6	6	6	6	6	5	9	7	7	7	7	7	7	7	6	6	6	6	5
4	7	7	7	7	4	4	5	5	9	2	2	9	9	9	8	8	6	6	5	5	5
4	4	4	7	7	4	4	5	5	9	9	9	9	2	2	8	8	8	8	8	8	5

9	9	3	3	3	5	5	3	5	5	5	5	5	2	2	3	3	1	4	4	4	4
9	9	9	5	5	5	3	3	9	9	9	9	9	9	9	3	5	5	5	7	7	7
9	9	9	4	4	4	4	8	8	2	2	6	9	9	2	2	5	9	9	9	9	7
9	6	6	6	8	8	8	8	3	3	3	6	6	6	6	6	5	9	6	6	7	7
6	6	6	5	8	9	9	9	9	2	2	3	3	3	9	9	9	9	6	6	7	9
4	2	2	5	8	9	9	9	3	3	3	6	6	6	7	7	7	7	7	6	6	9
4	4	4	5	5	5	9	9	2	2	1	6	6	6	3	7	7	9	9	9	9	9
2	2	8	8	8	8	5	5	5	5	4	4	4	4	3	3	4	3	3	3	9	9
4	4	8	2	2	6	6	6	6	5	8	8	8	5	5	5	4	6	6	6	6	6
4	4	8	8	8	2	2	6	6	8	8	8	8	8	5	5	4	4	3	3	3	6

8	8	8	8	4	4	4	3	3	3	4	4	4	4	2	2	5	3	3	3	8	8
8	8	8	3	3	3	4	6	6	6	8	8	8	8	8	8	5	5	5	5	8	8
8	3	6	6	6	5	5	6	6	6	8	8	3	3	3	4	7	3	3	3	8	8
3	3	6	6	6	5	9	9	5	5	5	5	5	4	4	4	7	7	2	2	8	8
4	4	4	4	5	5	9	9	2	2	7	7	7	3	3	3	7	7	4	4	4	4
8	8	8	8	2	2	9	4	4	4	7	7	7	2	2	5	7	7	8	8	8	8
8	8	6	9	9	9	9	4	2	2	7	9	9	9	9	5	5	5	5	8	8	8
8	8	6	6	6	6	5	5	5	9	9	9	6	6	6	6	6	2	2	4	4	8
3	3	4	4	6	1	5	5	2	2	9	9	8	8	8	6	1	6	6	6	4	4
3	4	4	2	2	7	7	7	7	7	7	7	8	8	8	8	8	2	2	6	6	6

2			8				4		9						5	4					1
	6	3		3	8				7		9	9		9			4	4	3	3	
	9	9		7	7							7	9	2						2	5
		6			7		2							5	3	9		5	5		
	9	9		9		2		4	8					8		3				4	
	2		5		5		5					6				5	2			4	4
2				4	3		3	2		8	6	6	3	3		5		5	3		
						6		5			7	7				7	6	6		6	
4				7			5				2			9			6	6	5		
		4		7		4	5	5		9				2					8		

9				3	5		3	5				5	2								4
						3			9						3			5	7		
						4		8	2		6		9	2		5					
	6	6						3							6	5		6	6		
6		6		8	9	9	9	9	2				3		9			6			9
		2	5	8			9					6	6	7							
		4			5	9	9		2	1		6	6	3			9				
2			8			5			5	4	4		4		3	4	3				
		8	2			6		6					5				6				
4	4		8		2								8	5						3	6

			8	4				3			4				2	5	3				
		8		3			6	6	6	8					8						
	3		6	6		5		6	6					3	4	7	3		3		
3	3				5				5										2		8
4			4		5		9		2	7	7			3		7		4	4		4
	8				2		4							2	5		7				8
8		6	9						2	7				9				5	8		
8					6	5		5	9			6						2	4		
				6			5	2				8	8	8	6				6		4
3	4			2	7						7	8	8		8			2		6	

5	5	2	2	6	6	6	3	2	2	8	8	8	8	5	5	9	9	9	9	9	1
5	5	5	3	3	3	6	3	3	6	8	8	8	8	5	3	3	3	9	9	9	9
3	3	3	2	2	6	6	2	2	6	6	2	2	5	5	6	2	2	5	5	5	5
2	2	4	4	4	4	8	8	8	8	6	6	6	4	4	6	3	3	3	5	9	9
3	3	3	1	2	2	8	2	2	8	8	8	7	4	4	6	6	6	6	7	9	9
5	5	5	5	5	6	6	4	4	4	4	2	7	7	7	8	8	8	8	7	7	9
2	2	4	4	4	4	6	5	5	3	3	2	7	7	7	8	8	8	8	7	7	9
7	7	7	3	3	3	6	5	5	5	3	9	9	9	9	6	6	2	2	7	7	9
7	5	5	5	5	5	6	6	2	2	9	9	9	9	9	6	6	6	4	4	9	9
7	7	7	3	3	3	2	2	3	3	3	4	4	4	4	6	2	2	4	4	2	2

4	2	2	4	4	4	4	8	8	8	8	4	4	4	4	2	2	9	9	3	3	3
4	4	4	3	3	3	8	8	8	8	7	7	7	7	7	9	9	9	9	9	9	9
2	2	8	8	8	8	3	3	5	5	5	5	7	7	4	2	2	5	5	5	5	5
8	8	8	8	7	7	3	2	2	5	2	2	4	4	4	3	3	3	4	4	2	2
2	2	4	7	7	4	4	3	3	8	8	8	8	8	8	6	6	6	4	4	3	1
4	4	4	7	7	7	4	4	3	7	7	7	7	8	8	6	6	5	5	5	3	3
6	6	6	6	6	2	2	5	5	5	5	7	7	7	2	2	6	9	9	5	5	4
4	3	6	3	3	3	4	4	4	4	5	8	8	8	4	4	9	9	9	4	4	4
4	3	3	8	8	8	8	6	6	6	8	8	8	8	4	4	9	9	5	5	3	3
4	4	2	2	8	8	8	8	6	6	6	2	2	8	2	2	9	9	5	5	5	3

7	7	7	4	4	4	4	3	1	7	7	7	7	8	8	8	2	2	4	2	2	1
7	7	7	7	6	6	6	3	3	1	7	7	7	8	8	8	4	4	4	3	3	3
8	8	8	8	4	4	6	6	6	3	3	3	2	2	8	8	5	5	5	4	4	4
8	8	8	8	4	4	3	3	3	1	2	2	3	3	3	5	5	7	7	7	4	2
4	4	5	5	5	5	4	4	4	4	7	7	7	8	8	8	8	7	7	7	7	2
4	4	5	3	3	3	1	2	2	7	7	7	7	8	8	8	8	6	6	6	6	6
7	7	7	7	4	4	5	5	5	5	4	4	1	7	7	7	7	7	7	8	8	6
7	7	2	2	4	4	5	6	6	4	4	3	3	3	6	6	6	6	7	8	8	3
7	5	5	5	6	6	6	6	7	7	7	7	4	4	6	6	4	4	8	8	3	3
5	5	2	2	5	5	5	5	5	7	7	7	4	4	2	2	4	4	8	8	2	2

			2	6					2		8				5	9			9	9	
		5		3				3			8	8	8		3			9	9	9	9
		3	2			6		2	6		2		5			2		5			
	2	4			4						6			4	6	3		3		9	9
3					2			2		8		7	4						7	9	
5				5		6			4				7		8	8	8				9
2		4		4	4			5	3		2	7	7	7	8				7		9
			3						5	3					6		2	2	7		
	5	5			5		6		2					9				4		9	9
		7			3		2			3	4	4		4	6	2					2

	2					4	8				4	4			2	2	9		3		3
4					3					7							9		9		
	2	8					3	5			5	7		4	2		5				5
			8				2			2		4		4	3			4			
	2	4	7				3		8		8	8			6		6		4	3	1
	4				7	4	4		7			7			6	6	5				3
6				6		2	5				7			2		6					4
4	3			3		4					8		8	4				9	4		4
				8	8		6			8	8	8		4	4	9	9	5		3	
		2						6			2		8	2							3

				4		4	3		7	7	7	7					2		2	2	1
			7		6		3	3		7	7	7	8			4	4				
8	8	8	8	4					3				2	8			5	5	4		
	8		8	4	4	3	3	3			2	3	3		5					4	
	4				5					7	7		8			8			7		2
	4	5	3			1	2	2	7	7	7		8		8		6			6	
			7	4	4		5			4			7						8	8	
	7	2					6	6	4		3		3	6		6	6			8	
		5		6	6					7				6	6	4		8	8		3
			2			5			7		7	4			2			8			2

8	8	8	8	4	4	3	2	2	9	9	9	9	9	9	9	9	9	5	5	5	5
8	8	8	8	4	4	3	3	4	5	5	5	5	5	3	3	2	2	3	3	3	5
5	5	5	3	3	3	5	5	4	4	4	8	8	8	3	9	9	9	9	9	9	9
5	5	7	7	4	4	5	5	3	3	3	8	8	8	8	9	9	5	5	5	5	5
3	3	7	7	4	4	5	2	2	4	4	8	3	3	3	8	8	8	8	3	3	3
3	6	7	7	7	2	2	8	8	8	4	4	7	7	7	2	2	7	8	8	8	8
2	6	6	6	6	6	7	7	5	8	8	8	8	8	7	8	8	7	7	7	7	7
2	5	5	5	5	5	7	7	5	5	5	6	6	6	7	8	8	8	8	8	8	7
8	8	8	8	8	2	2	7	7	7	5	6	6	6	7	7	6	6	6	6	6	6
8	8	8	3	3	3	4	4	4	4	3	3	3	9	9	9	9	9	9	9	9	9

8	8	4	4	8	8	8	8	8	8	6	6	2	2	6	6	6	6	6	6	4	4
8	8	4	4	8	8	5	5	3	3	6	6	6	7	7	7	7	7	7	7	4	4
8	8	3	2	2	5	5	5	3	2	2	6	2	2	3	3	3	4	4	4	2	2
8	8	3	3	4	4	4	4	7	7	4	4	4	4	5	5	5	5	5	4	6	6
7	7	7	7	7	7	3	3	3	7	7	5	5	5	7	7	7	6	6	6	6	8
9	9	9	9	9	7	5	5	2	2	7	5	5	7	7	7	7	8	8	8	8	8
9	9	9	9	8	8	5	5	5	7	7	2	2	3	3	3	4	8	8	6	6	6
5	5	5	5	8	8	8	8	8	2	2	5	5	5	5	5	4	3	3	6	6	6
3	3	3	5	4	4	4	4	8	6	6	6	6	6	6	4	4	3	8	8	8	8
4	4	4	4	2	2	3	3	3	4	4	4	4	5	5	5	5	5	8	8	8	8

2	2	6	6	8	8	8	8	3	3	3	4	4	4	4	6	6	6	6	4	4	4
3	3	6	6	6	6	8	8	8	5	5	5	5	5	2	2	8	8	6	6	3	4
3	5	5	3	3	3	2	2	8	2	4	4	4	4	3	8	8	8	8	8	3	3
5	5	5	9	2	2	3	3	3	2	6	6	6	3	3	4	4	4	4	8	4	4
6	6	6	9	9	9	9	2	2	9	6	6	6	9	9	5	5	5	5	5	4	4
6	6	9	9	8	8	3	3	3	9	9	9	9	9	9	8	8	8	8	8	8	9
5	6	9	9	8	8	8	6	6	6	8	8	8	8	3	8	8	9	9	9	9	9
5	5	5	5	8	8	8	6	6	6	8	8	8	8	3	3	7	9	9	3	2	2
7	7	7	7	7	7	7	4	4	4	3	3	6	6	6	6	7	7	9	3	3	5
4	4	4	4	5	5	5	5	5	4	3	1	6	6	7	7	7	7	5	5	5	5

Puzzle 364-366

				4				2	9									5			
	8	8		4		3	3		5	5			5	3			2	3			
		5			3					4	8				9	9	9			9	
		7			4					3					9	9			5		
3	3		7	4		5	2		4	4		3		3	8				3		
				7		2	8		8		4			7	2	2	7	8	8	8	
2					6		7						8	7							
					5			5					6	7		8				8	7
				8		2			7	5	6				7		6				
					3		4			3			9								9

		4	4						8		6		2						6	4	4
		4	4		8		5		3										7		
		3		2		5				2		2				3	4				2
8			3		4		4				4				5			5	4		6
7					7	3			7		5				7	7	6				
		9			7	5		2			5		7		7		8	8			
	9							5	7		2			3		4	8		6	6	6
5				8						2	5				5			3	6		
3			5				4	8	6									8	8	8	8
4					2			3			4		5								

2										3	4	4				6					
3					6	8				5				2		8	8				4
3		5	3			2			2	4									8		3
5					2	3				6	6	6	3	3	4			4			4
6						9		2		6	6	6			5				5	4	
		9	9		8			3		9				9	8			8	8		9
	6	9	9		8	8	6		6	8	8					8	9				
			5			8		6	6				8	3			9		3		2
						7			4	3	3	6	6		6			9	3	3	5
			4					5		3			6		7						

4	2	2	6	6	6	8	7	7	7	7	8	8	8	8	8	8	8	4	4	4	4
4	4	4	2	2	6	8	7	7	7	3	8	7	7	7	7	7	7	3	5	5	5
8	8	8	8	6	6	8	8	8	8	3	3	7	4	4	4	4	3	3	5	5	3
6	6	8	8	8	8	3	7	7	8	8	2	2	5	5	5	5	5	6	6	3	3
6	6	4	4	4	3	3	7	7	7	7	7	4	4	4	4	6	6	6	6	2	2
6	6	2	2	4	6	6	6	6	6	6	3	1	5	5	5	5	5	4	4	3	1
2	2	3	3	3	4	4	4	4	2	2	3	3	9	9	9	9	9	4	4	3	3
4	4	2	2	1	6	6	6	6	6	6	8	4	4	4	4	9	7	7	7	7	7
4	4	7	7	7	7	7	7	7	8	8	8	8	8	9	9	9	7	7	3	3	3
2	2	5	5	5	5	5	3	3	3	8	8	3	3	3	5	5	5	5	5	2	2

8	8	8	8	8	2	2	9	9	9	9	5	5	5	7	7	5	5	5	6	6	2
8	8	8	7	3	3	3	9	9	9	9	9	5	5	7	7	5	5	4	4	6	2
3	3	3	7	7	5	2	2	4	4	4	4	6	6	6	7	7	7	4	4	6	6
7	7	7	7	5	5	5	8	3	3	3	8	6	6	6	2	2	8	8	8	8	6
5	3	3	3	5	2	2	8	8	8	8	8	8	2	2	5	5	5	5	5	8	8
5	5	5	5	7	7	7	7	2	2	5	5	5	5	5	4	4	4	4	7	8	8
4	2	2	7	7	7	3	3	3	6	4	4	4	4	3	7	7	7	7	7	7	5
4	1	3	6	6	6	5	5	5	6	6	6	2	2	3	3	2	2	5	5	5	5
4	4	3	3	6	6	6	5	5	6	6	3	3	3	4	4	4	3	3	3	4	4
2	2	4	4	4	4	2	2	1	2	2	5	5	5	5	5	4	2	2	1	4	4

4	3	3	3	2	2	4	4	6	6	1	4	4	4	4	2	2	3	3	3	8	8
4	4	4	7	7	7	7	4	4	6	6	6	6	5	5	5	5	5	2	2	8	8
5	5	5	5	7	4	4	7	7	7	7	4	4	4	4	3	3	3	8	8	8	8
5	4	4	7	7	4	4	7	7	7	8	8	3	3	3	7	7	5	5	5	3	3
4	4	5	5	5	5	5	2	2	8	8	8	7	7	7	7	7	5	5	4	4	3
2	2	4	4	4	4	3	3	3	8	8	8	4	4	6	6	6	3	3	3	4	4
8	8	8	8	2	2	4	4	4	4	2	2	4	4	6	6	2	2	5	5	5	5
7	7	8	8	7	7	7	6	6	6	6	6	6	3	3	6	8	8	8	3	3	5
7	7	7	8	8	7	7	7	7	3	3	3	9	3	8	8	8	8	8	3	4	4
7	7	3	3	3	9	9	9	9	9	9	9	9	5	5	5	5	5	2	2	4	4

4	2						7														4
			2				7	7	7		8							3			5
8	8		8		6	8					3	7	4					3		5	
		8	8		8		7	7				2	5							3	
		4			3		7					4			4		6		6	2	
6		2			6							1		5	5			4		3	
	2				4					2			9			9	9			3	3
			2	1	6										4	9			7		
	4		7					7	8			8	8	9	9						3
	2	5				5			3		8	3					5		5		2

		8			2					9	5			7		5		5	6		2
			7		3				9		9			7		5	5	4	4		
3	3	3		7	5		2				4	6	6								
										3	8		6		2						6
5	3					2						8	2		5				5		
			5				7	2					5		4					8	
	2				7	3			6				4	3	7						5
4	1		6	6	6	5		5			6		2			2		5	5		
	4			6		6			6	6			3								4
	2	4		4				1							5	4	2		1		4

			3		2	4		6						4	2			3		8	
		4							6			6		5			5	2			
	5	5	5		4					7				4		3		8			8
5				7	4		7		7					3		7			5	3	
	4	5	5	5			2									7	5			4	
	2		4			3			8		8		4		6		3		3		
8	8		8	2	2	4			4		2		4			2	2			5	
		8	8									6		3				8		3	5
				8				7			3	9	3	8						4	
7			3											5					2		

8	2	2	5	5	5	5	4	4	3	3	5	5	5	5	8	8	8	4	7	7	7
8	8	8	3	3	3	5	4	4	3	6	6	5	2	2	8	4	4	4	7	7	7
8	8	8	8	2	2	7	7	7	7	7	6	6	6	6	8	8	3	3	7	2	2
6	6	6	6	6	6	4	4	7	7	5	5	5	5	5	8	8	3	6	6	6	6
2	2	4	3	3	3	4	4	6	6	9	9	9	9	9	9	9	9	9	6	6	4
8	8	4	4	4	6	6	6	6	2	2	3	3	7	7	7	7	6	6	4	4	4
8	8	2	2	9	9	9	9	5	5	5	5	3	2	2	7	7	7	6	3	3	3
8	8	7	7	2	2	9	9	5	7	7	7	7	5	5	5	9	9	6	6	6	2
8	8	7	7	7	7	9	9	9	7	2	2	7	7	5	5	9	9	4	4	3	2
2	2	7	3	3	3	4	4	4	4	3	3	3	9	9	9	9	9	4	4	3	3

4	4	4	4	3	3	3	5	5	5	2	2	5	5	5	3	3	3	2	2	4	4
8	8	8	2	6	6	6	6	5	5	4	4	4	4	5	5	6	6	6	6	4	4
8	8	8	2	3	3	3	6	6	3	3	3	9	9	9	9	6	4	4	6	2	2
6	8	8	6	2	5	5	5	5	5	9	9	9	9	9	7	7	7	4	4	3	3
6	6	6	6	2	4	4	2	4	4	4	2	2	6	3	9	9	7	7	7	7	3
2	2	4	4	3	4	4	2	4	6	6	6	6	6	3	3	9	9	9	9	9	9
3	3	4	4	3	3	6	6	6	8	8	8	8	5	5	5	2	2	3	3	3	9
3	5	2	2	6	6	6	8	8	8	8	4	4	4	4	5	5	8	8	2	2	1
5	5	8	8	8	8	4	3	3	3	5	5	5	6	6	6	6	8	8	8	8	8
5	5	8	8	8	8	4	4	4	2	2	5	5	6	6	2	2	4	4	4	4	8

4	4	4	4	8	8	8	8	3	3	3	1	2	4	4	3	1	2	3	3	3	5
6	3	3	3	8	8	8	8	7	7	4	4	2	4	4	3	3	2	5	5	5	5
6	6	6	6	6	9	9	7	7	7	4	4	3	3	3	6	6	6	4	4	4	4
4	4	9	9	9	9	7	7	2	2	5	5	5	5	5	3	3	6	6	6	2	2
4	4	9	9	9	5	5	5	6	6	6	2	2	3	7	7	3	2	2	3	3	3
3	3	3	4	4	4	4	5	5	6	6	6	3	3	7	7	5	5	5	5	5	2
6	6	6	6	6	6	9	9	9	9	9	9	9	9	7	7	7	4	4	4	4	2
2	2	8	8	2	2	3	3	3	9	5	7	7	7	3	2	2	6	6	6	6	6
8	8	8	8	8	8	4	4	4	4	5	7	7	7	3	3	9	6	9	9	9	2
4	4	4	4	6	6	6	6	6	6	5	5	5	7	2	2	9	9	9	9	9	2

		2						4		3				5	8		8				
		8			3	5						5		2		4			7		
	8		8		2	7	7			7				6		8	3	3		2	2
					6			7		5				5				6		6	
	2		3		3	4				9			9			9	9				4
	8		4		6	6		6		2		3		7	7				4	4	4
			2								5		2	2		7	7			3	
	8			2				5				7								6	
	8	7			7			9			2		7	5	5	9	9		4	3	2
	2				3			4				3		9			9		4		

	4					3					2						3	2			
8	8	8	2		6	6			5			4	4	5						4	
8						3	6	6		3	3					6	4			2	
	8	8		2		5				9			9		7		7			3	
		6				4					2				9			7			
	2	4	4		4	4	2	4	6			6	6		3	9					
	3		4		3	6		6				8					2	3			
	5		2	6					8					4	5		8	8	2		
		8	8			4			3			5			6		8				
								4	2			5		6	2		4				8

	4			8				3			1	2	4			1		3		3	
6	3							7	7				4	4							5
						9	7		7				3		6	6					4
4	4	9	9			7			2	5				5	3				6	2	
												2	3	7			2		3	3	
3		3	4			4		5	6	6					7	5			5		2
				6									9			7	4	4	4		2
	2	8	8	2	2			3	9	5			7	3		2	6				
8									4			7			3			9	9	9	2
4				6					6			5			2	9	9				

9	9	9	9	9	4	4	7	7	7	4	4	5	5	5	4	4	4	4	7	7	7
9	9	9	9	4	4	7	7	7	7	4	4	7	7	5	5	3	3	3	2	2	7
4	4	4	3	3	3	4	4	4	4	7	7	7	4	4	4	4	2	2	7	7	7
4	5	5	9	9	9	9	9	2	2	7	7	8	8	8	8	6	6	6	6	4	4
5	5	5	9	9	9	2	2	6	6	6	8	8	8	8	6	6	9	9	9	4	4
8	8	2	2	9	2	5	6	6	6	7	7	7	7	7	7	7	9	9	7	7	7
8	8	7	7	7	2	5	5	5	5	4	4	4	4	2	2	9	9	7	7	7	7
8	8	6	7	7	7	7	3	4	4	6	6	6	6	6	9	9	3	3	5	5	6
8	8	6	6	6	6	3	3	4	4	2	2	6	2	2	4	4	3	5	5	5	6
2	2	6	2	2	8	8	8	8	8	8	8	8	3	3	3	4	4	6	6	6	6

2	7	7	7	7	8	8	8	8	8	2	2	8	8	8	8	8	8	8	7	7	7
2	7	7	7	1	2	2	8	8	8	6	6	2	2	8	5	5	5	7	7	7	7
6	6	6	6	3	3	3	4	4	4	4	6	3	3	3	5	5	3	4	4	4	4
6	6	8	8	8	6	6	6	7	7	7	6	6	5	5	2	2	3	3	6	6	6
8	8	8	8	8	6	6	6	7	7	7	7	6	3	5	4	4	4	4	6	6	6
9	9	9	9	6	9	9	9	9	9	9	9	3	3	5	5	2	2	3	3	5	5
9	6	6	6	6	6	1	9	9	7	7	7	7	9	9	9	9	9	3	5	5	5
9	9	9	9	7	5	5	5	3	7	7	7	1	7	7	9	9	9	9	3	3	3
7	7	7	7	7	7	5	5	3	4	4	3	3	7	7	5	5	5	5	4	4	4
2	2	4	4	4	4	2	2	3	4	4	3	7	7	7	3	3	3	5	2	2	4

5	5	5	5	5	4	4	8	8	2	2	9	9	9	9	2	2	3	3	8	8	8
3	3	3	6	1	4	4	8	8	9	9	9	5	5	5	5	5	3	8	8	8	8
7	7	7	6	6	6	6	8	8	9	9	7	7	7	7	4	4	4	4	3	3	8
4	4	7	7	7	7	6	8	8	3	3	3	2	2	7	7	7	2	2	3	4	4
4	4	3	3	3	2	3	3	3	5	5	5	5	5	4	4	6	6	5	4	4	8
7	7	7	7	7	2	8	8	8	8	9	2	2	4	4	6	6	5	5	8	8	8
7	7	3	2	2	4	4	4	8	8	9	9	5	5	5	6	6	5	5	8	8	2
5	5	3	3	6	6	6	4	8	8	9	9	9	5	5	3	3	2	2	8	8	2
5	5	5	6	6	6	5	5	2	2	9	9	9	4	4	3	6	6	6	6	6	6
3	3	3	2	2	5	5	5	3	3	3	1	4	4	1	4	4	4	4	3	3	3

Puzzle 373-375

													5		4						
			9	4	4		7	7	7	4			7			3			2	2	
	4	4			3				4	7			4		4		2			7	
4		5		9			9		2	7		8			8	6	6		6	4	
5	5	5					2				8		8		6		9				
	8	2	2		2	5			6	7									7	7	7
					2		5		5		4			2			9	7			
		6			7		3			6								3	5		
8					6		3	4		2				2				5		5	
2		6		2	8										3	4		6			

2	7				8				8	2					8	8		8			
	7			1	2	2		8		6			2	8				7			
6			6				4			4	6			3		5		4			4
6	6	8	8		6	6	6		7	7			5	5		2		3	6		
8			8	8	6		6				7				4		4			6	
9		9		6	9		9				9	3					2	3		5	
9	6						9	9		7		7	9	9			9	3			
9			9		5		5	3			7				9	9		9	3		
7			7			5	5		4	4	3	3	7	7				5	4		
2		4					2				3		7	7	3		3		2		

5					4	4		8	2					9		2	3	3			
	3		6			4			9						5	5	3			8	
7	7	7	6		6		8		9		7			7	4			4			
					7	6		8	3	3	3		2		7			2	3		4
	4			3				3			5		5					5	4		
				7	2	8				9	2		4		6		5			8	
7		3		2	4			8			9	5		5			5	5	8		2
5				6						9	9	9			3	3		2			2
			6			5	5	2	2	9	9	9		4		6					6
		3	2		5			3					4			4					3

3	2	6	6	3	3	3	9	9	9	9	9	8	8	3	3	3	2	2	5	5	5
3	2	6	6	6	6	9	9	9	9	4	4	8	8	8	8	8	8	6	6	5	5
3	9	9	9	9	9	3	3	3	4	4	6	5	5	5	9	9	9	6	6	6	6
5	5	2	2	1	9	9	9	9	6	6	6	6	4	5	5	9	9	9	9	9	9
5	5	5	3	3	3	5	5	5	5	6	4	4	4	3	3	3	6	6	3	3	3
3	3	3	4	4	7	5	7	7	9	9	9	9	9	7	7	7	7	6	6	6	6
2	2	4	4	7	7	7	7	9	9	9	9	3	3	3	7	7	7	4	4	4	4
5	5	5	5	5	4	4	4	4	8	8	8	8	8	8	8	8	5	5	5	5	5
3	3	3	8	8	8	8	2	2	3	3	5	5	2	2	5	5	2	2	4	4	2
5	5	5	5	5	8	8	8	8	3	5	5	5	3	3	3	5	5	5	4	4	2

4	4	3	8	8	8	8	4	9	9	9	9	9	4	4	4	4	3	4	4	3	1
4	4	3	3	8	8	4	4	9	9	9	9	7	7	7	7	3	3	4	4	3	3
7	7	7	7	7	8	8	4	6	6	4	2	2	7	7	9	9	9	2	2	4	4
7	7	2	2	4	4	6	6	6	6	4	4	4	7	9	9	5	5	5	5	5	4
2	2	6	5	5	4	4	8	8	8	8	3	3	3	9	9	3	3	3	7	7	4
8	8	6	6	5	5	5	8	8	7	7	4	4	4	4	9	9	7	7	7	7	7
8	8	6	6	6	4	4	5	8	8	7	7	7	7	7	3	3	3	8	8	8	8
3	8	8	2	2	4	4	5	5	5	5	2	2	6	6	6	6	6	8	8	4	4
3	8	8	7	7	7	7	7	7	7	4	4	1	2	2	4	4	6	8	8	4	4
3	2	2	4	4	4	4	2	2	4	4	1	3	3	3	4	4	5	5	5	5	5

6	6	6	6	6	6	4	2	2	5	5	5	7	7	7	4	4	4	4	3	3	3
8	8	8	8	2	2	4	4	6	6	5	5	7	4	4	3	3	3	9	9	9	9
8	6	6	6	6	6	4	6	6	9	9	9	7	4	4	2	2	9	9	9	9	9
8	6	1	3	3	3	6	6	9	9	4	4	7	7	8	8	8	8	6	6	6	6
8	8	6	4	4	4	4	9	9	9	3	4	4	6	3	3	3	8	8	8	8	6
2	2	6	6	3	3	3	9	4	4	3	3	6	6	6	6	4	7	7	7	7	6
6	6	6	4	4	4	4	8	4	4	5	5	5	8	8	6	4	4	4	7	7	7
4	4	5	5	1	8	8	8	8	8	8	8	5	5	8	8	8	3	3	6	6	6
4	4	5	5	5	9	9	9	9	9	2	2	3	3	3	8	8	8	3	6	6	6
2	2	3	3	3	9	9	9	9	4	4	4	4	6	6	6	6	6	6	3	3	3

Puzzle 376-378

3	2	6	6	3								8		3		3		2			
								9		4	4	8							6		5
	9							3	4						9			6			6
5	5			1				9				6			5	9				9	
5	5		3		3				5	6	4				3				3		3
3				4				7								7	7	6			
2							7	9		9	9	3			7			4	4	4	4
5				5	4			4	8										5		
		3			8			2					2	2				2	4		
				5				8	3	5					3			5		4	2

	4	3	8			8				9						4				3	
	4					4		9	9						7		3	4		3	3
			7			8	4			4		2		7			9	2			
			2	4		6						4	7				5	5		5	
2	2		5				8	8					3		9	3	3	3		7	4
				5					7					4		9					
		6			4		5		8					7	3			8		8	8
3		8	2					5					6		6	6			8		
			7						7			1	2	2			6	8	8	4	
3	2	2	4					2		4	1					4	5				

		6			6			2		5		7				4					3
			8	2					6				4	4	3	3	3			9	9
		6			6	4		6			9			4	2		9	9	9	9	9
	6		3		3	6						7					8	6	6		6
	8					4	9				4	4				3				8	
	2				3			4	4		3	6		6							
	6		4	4	4	4	8	4			5			8	6	4		4	7		7
	4	5	5		8				8		8		5				3		6		6
4		5	5	5			9			2			3	3		8		3		6	6
2			3						4			4		6						3	

7	7	8	8	7	7	7	4	4	4	4	3	3	3	8	8	8	8	8	8	8	6
7	7	8	8	7	7	7	7	2	2	8	8	8	8	4	4	4	4	8	6	6	6
7	7	7	8	8	3	3	3	7	7	7	8	8	8	8	5	5	5	5	5	6	6
4	2	2	8	8	6	6	6	6	7	7	7	3	4	4	3	3	3	9	9	9	9
4	4	4	3	3	6	6	4	4	4	4	7	3	4	4	7	2	2	9	3	3	3
5	5	5	5	3	2	2	7	7	7	5	5	3	7	7	7	7	7	9	9	9	9
5	6	6	6	6	6	6	2	2	7	5	5	5	7	4	4	5	5	8	8	8	3
2	2	5	5	5	5	5	7	7	7	2	2	7	4	4	5	5	5	8	8	3	3
3	3	3	9	9	9	9	3	4	4	3	3	7	7	7	7	7	8	8	5	5	2
2	2	9	9	9	9	9	3	3	4	4	3	4	4	4	4	7	8	5	5	5	2

6	6	3	3	3	8	2	2	8	8	8	8	8	4	4	4	4	3	3	3	4	4
6	6	6	2	2	8	8	4	4	4	4	8	8	6	6	6	6	2	2	4	4	3
6	2	2	3	4	4	8	8	8	8	2	2	8	6	6	5	5	5	5	5	3	3
4	4	3	3	4	4	8	3	3	3	5	6	6	4	4	3	3	3	4	4	4	4
4	4	8	8	8	8	3	5	5	5	5	6	6	4	4	2	2	5	5	5	5	5
8	8	8	8	2	2	3	3	7	7	7	6	6	7	7	7	7	7	7	7	2	2
4	4	3	3	3	7	7	7	7	4	4	4	4	2	2	5	4	4	5	5	5	5
4	4	6	6	5	5	5	5	9	9	3	3	3	5	5	5	4	4	3	3	3	5
6	6	6	6	3	5	9	9	9	9	9	2	2	5	2	2	3	3	9	9	9	9
4	4	4	4	3	3	9	9	2	2	6	6	6	6	6	6	3	9	9	9	9	9

4	4	8	8	8	8	8	4	4	4	4	6	6	4	4	4	4	2	2	7	7	7
4	4	8	8	8	2	2	9	9	9	9	6	6	6	6	5	5	5	5	2	2	7
2	2	5	5	5	5	5	9	9	9	9	9	5	5	5	3	3	3	5	7	7	7
8	8	8	8	8	8	4	4	4	4	7	7	7	5	5	4	4	2	2	5	5	5
6	6	6	8	8	7	7	3	3	3	7	7	7	7	4	4	6	6	6	6	5	5
4	4	6	6	6	7	6	6	6	6	4	4	4	4	3	6	6	4	4	7	7	7
4	4	3	7	7	7	5	2	2	6	6	7	7	7	3	3	4	4	7	7	4	4
2	2	3	3	7	5	5	5	5	3	3	7	7	5	5	5	5	5	7	7	4	4
3	3	4	4	3	3	4	4	2	3	7	7	4	4	4	4	6	6	6	5	5	5
3	4	4	2	2	3	4	4	2	5	5	5	5	5	2	2	6	6	6	5	5	1

		8		7						4	3		3						8	8	
		8		7			7		2	8							4	8			
	7		8				3				8	8							5		6
	2	2		8	6			6	7		7		4				3		9	9	9
4										4	7	3	4	4			2	9	3		
5			5	3		2		7									7		9	9	
		6						2	7	5			7	4		5	5	8			3
2	2	5				5		7		2		7			5					3	
		3	9			9	3			3									5	5	2
2								3		4		4	4	4				5			

				3	8		2	8								4	3				
6			2				4						6			6		2	4		
		2									2							5		3	
4	4	3		4	4	8	3					6		4	3		3	4	4		
4		8			8			5			6	6			2		5		5		5
		8			2	3	3						7				7				2
	4	3			7				4			4	2								
	4	6		5			5	9		3			5			4		3		3	5
6					5	9					2			2			3				9
4					3		9		2	6						3			9	9	

	4	8	8			8			4			6	4				2			7	
	4			8	2		9	9	9	9					5					2	7
	2					5	9	9			9	5		5	3				7	7	
8					8	4						7		5			2		5		
6		6	8			7	3	3	3					4		6			6		
4					7			6		4	4	4	4		6			4		7	7
	4		7		7	5		2							3	4					
	2	3				5		5	3	3		7	5				5		7	4	
	3				3				3		7	4			4				5	5	5
3	4		2		3		4	2			5				2	6			5	5	

8	8	8	2	2	4	4	2	4	4	4	4	2	2	4	4	7	2	2	5	5	5
8	8	8	8	8	4	4	2	6	6	6	6	6	6	4	4	7	7	5	5	2	2
4	4	5	5	5	7	7	7	9	9	9	5	5	5	5	5	7	7	4	4	4	4
4	4	5	5	7	7	7	7	9	9	9	2	2	4	4	4	4	7	7	5	5	5
3	3	3	4	4	4	4	3	2	2	9	9	9	1	3	3	7	3	3	3	5	5
5	5	5	3	3	8	8	3	3	8	7	3	3	3	7	3	7	7	7	7	7	7
5	5	2	2	3	8	8	8	8	8	7	7	7	7	7	4	4	4	4	3	3	3
9	9	9	9	9	9	9	5	5	5	4	4	4	9	9	9	9	9	9	6	6	6
9	9	8	8	8	8	8	5	5	3	4	1	9	9	7	7	7	9	6	6	6	2
3	3	3	8	8	8	2	2	3	3	2	2	7	7	7	7	2	2	3	3	3	2

4	4	7	7	7	7	2	2	3	3	3	7	7	7	2	2	3	3	3	4	4	2
4	4	7	7	7	3	3	3	2	2	7	7	7	7	5	5	5	5	5	4	4	2
2	2	3	5	5	4	4	4	4	9	9	9	9	9	9	9	7	7	7	7	5	5
6	3	3	5	5	5	2	2	3	3	9	9	7	7	7	4	4	7	7	5	5	5
6	6	6	9	9	9	9	9	3	7	7	7	7	3	5	5	4	4	7	3	3	3
6	3	3	5	5	9	9	5	5	5	5	2	2	3	3	5	3	3	3	6	6	6
6	3	5	5	5	9	9	3	3	3	5	4	4	4	4	5	5	2	2	6	6	6
2	2	6	6	6	6	4	4	2	2	3	3	7	7	7	7	8	8	8	3	3	5
3	3	3	6	6	4	4	5	4	4	3	7	7	7	4	4	4	4	8	3	5	5
4	4	4	4	5	5	5	5	4	4	6	6	6	6	6	6	8	8	8	8	5	5

4	4	3	4	4	4	4	2	2	4	7	7	7	2	2	8	8	5	5	6	6	6
4	4	3	3	5	2	2	4	4	4	9	7	7	7	7	8	8	5	5	6	6	6
3	3	2	2	5	5	5	5	6	6	9	9	9	9	1	8	8	5	8	8	8	8
3	4	3	3	4	4	4	4	6	9	9	9	9	1	6	6	8	8	3	8	8	8
4	4	3	5	5	5	6	6	6	7	7	7	7	6	6	6	6	3	3	4	4	8
4	6	6	5	5	7	7	8	8	8	8	7	7	7	9	9	9	9	9	4	4	2
8	8	6	6	2	2	7	8	8	8	8	2	2	9	9	9	9	5	5	5	3	2
8	8	8	6	6	7	7	5	3	3	3	8	8	3	3	4	4	4	5	5	3	3
8	8	8	2	2	7	7	5	5	5	5	8	8	7	3	4	3	3	3	6	6	6
2	2	3	3	3	4	4	4	4	8	8	8	8	7	7	7	7	7	7	6	6	6

Puzzle 382-384

		8	2			4	2				4	2		4			2	2			
8				8	4						6			4	4				5	2	2
4		5		5	7			9	9	9	5		5			7			4		
		5						9	9			2	4		4	4			5	5	5
3		3		4	4	4			2			9			3	7	3				
			3		8		3	3		7			3	7						7	7
	5		2	3			8				7				4		4				3
		9	9		9	9	5									9			6		6
	9						5		3		1	9	9		7		9	6			2
		3		8		2		3	3		2						2	3			

						2		3					7		2			3		4	2
	4	7				3	3	2				7				5		5	4		
	2	3	5	5				4							9					5	
6			5	5		2	2		3		9			7		4	7		5	5	5
									7				3	5		4	4			3	
		3		5	9		5		5			2			5	3				6	6
	3	5		5	9			3				4	4			5	2				6
2	2					4		2		3		7				8				3	
3			6		4			4			7	7	7	4	4				3		
4				5				4						6		8			8	5	

		3			4		2			7		7		2	8	8	5	5			
4			3	5	2				4	9	7			7	8	8		5		6	
			2						6		9	9	9				5	8		8	8
3			3	4		4	4		9		9	9		6	6		8		8		
			5			6			7				6	6		6	3		4		
4				5			8				7					9					
8					2			8		8	2		9		9		5	5	5		2
		8		6	7			3		3	8			3	4			5	5		3
	8		2	2		7			5		8		7			3				6	6
	2		3					4	8				7								

Lösungen - Solutions: Puzzle 385-387

8	8	2	2	4	4	6	6	4	4	4	4	8	8	8	6	6	4	4	4	7	7
8	8	7	7	4	4	6	6	6	6	8	8	8	8	8	6	6	6	6	4	7	7
8	8	7	5	5	5	5	5	3	3	3	1	4	4	4	4	2	2	3	7	7	7
8	8	7	8	8	8	8	8	4	4	4	9	9	5	5	5	5	5	3	3	5	5
7	7	7	8	8	8	6	6	4	3	3	3	9	9	9	9	9	2	2	5	5	5
3	2	2	6	6	6	6	5	5	5	4	4	4	4	9	3	9	4	4	4	4	2
3	3	5	2	2	7	5	5	3	3	3	7	7	7	7	3	3	9	9	9	9	2
4	4	5	5	5	7	7	6	6	4	7	7	7	3	3	5	5	9	9	9	9	9
4	4	2	2	5	7	7	6	6	4	4	4	2	2	3	5	5	5	4	4	4	4
2	2	4	4	4	4	7	7	6	6	3	3	3	4	4	4	4	2	2	3	3	3

8	8	8	8	4	4	4	4	2	2	9	9	9	9	9	5	5	5	5	9	9	9
8	8	8	8	5	5	7	7	7	7	3	3	3	9	9	5	9	9	9	9	9	9
4	4	3	5	5	5	7	7	7	2	2	7	7	7	9	9	7	7	7	7	7	4
4	4	3	3	4	4	2	2	4	4	4	4	7	7	7	7	2	2	4	7	7	4
1	2	2	4	4	7	7	7	7	7	7	7	4	4	2	2	4	4	4	3	4	4
5	5	5	5	5	2	2	5	5	2	2	4	4	9	9	9	2	2	5	3	3	2
2	2	6	6	6	6	6	5	5	5	9	9	9	9	3	3	3	5	5	4	4	2
4	4	7	7	7	6	2	2	4	4	4	9	9	6	6	2	2	5	5	4	4	1
4	4	2	2	7	7	7	7	4	7	7	7	7	6	3	3	3	4	4	3	3	3
2	2	6	6	6	6	6	6	2	2	7	7	7	6	6	6	4	4	1	2	2	1

6	6	6	6	6	6	2	2	3	3	4	4	7	7	7	7	7	2	2	9	9	9
8	8	8	8	3	3	3	1	3	4	4	7	7	8	8	8	3	3	3	5	5	9
8	8	2	2	5	5	5	7	7	7	7	8	8	8	3	8	8	5	5	5	9	9
8	8	4	4	9	5	5	7	7	7	5	2	2	3	3	2	2	3	3	3	9	9
2	2	4	4	9	9	6	6	6	6	5	5	5	5	2	3	1	4	4	5	5	9
9	9	9	9	9	6	6	8	8	2	2	3	8	8	2	3	3	4	4	5	5	5
9	4	4	4	4	8	8	8	8	5	5	3	3	8	7	7	7	7	7	7	7	3
8	8	3	3	3	8	8	3	3	5	9	9	9	8	4	4	3	3	4	4	3	3
8	8	8	5	5	5	5	3	5	5	9	9	8	8	4	4	3	9	4	4	9	9
8	8	8	5	4	4	4	4	9	9	9	9	8	8	2	2	9	9	9	9	9	9

			2		4						4	8	8	8		6			4	7	
			7		4				6	8			8	8				6		7	
8			5				5	3		3					4		2	3		7	7
	8		8				8			4	9					5			3		
7				8	8		6			3								2			5
		2		6						4			4	9		9				4	2
	3			2	7	5		3					7			3	9	9	9	9	
4	4			5				6	4		7		3			5					
		2	2				6				4	2	2		5		5	4		4	4
2					4		7	6		3					4			2	3		

				4			4		2	9								5			
		8					7			3					5	9				9	9
4	4	3		5	5	7	7			2	7			9							4
	4		3			2					4	7			7		2	4	7	7	
		2		4							7				2			4	3	4	
				5		2	5			2		4	9				2	5			
	2					6		5			9			3	3				4		
	4				6	2				4	9	9	6			2			4	4	1
		2	2	7				4			7	7		3	3		4	4			
	2	6					6	2							6	4			2	2	1

6					6		2				4						2				
							1		4	4		7					3			5	
8	8	2		5	5	5				7	8					8	5		5	9	
	8	4			5	5	7	7	7	5	2		3						3	9	
	2	4	4		9			6					5	2	3	1		4	5	5	
				9	6			8	2							3			5		
				4	8	8						3					7				
				3				3	5	9		9		4	4		3	4		3	3
		8			5	5		5	5	9	9	8			4		9	4			
						4		9			9				2						

2	2	8	8	8	8	7	5	5	5	6	6	6	6	6	6	2	2	5	5	8	8
5	3	3	3	8	8	7	7	7	5	5	9	9	9	9	9	3	3	3	5	8	8
5	5	6	6	3	8	8	4	7	7	7	8	8	8	1	9	9	9	9	5	5	8
5	5	6	3	3	4	4	4	3	3	3	8	8	8	8	8	3	3	3	2	2	8
2	2	6	6	6	3	3	3	5	5	5	5	5	2	2	6	6	6	6	6	8	8
8	8	8	8	8	8	8	8	4	4	4	4	3	3	3	4	4	4	4	6	2	2
7	7	7	7	7	3	3	3	2	2	6	6	6	4	4	8	8	8	8	3	3	3
9	9	9	3	7	7	4	4	4	4	6	6	6	4	4	8	8	8	6	6	8	8
9	2	2	3	3	5	3	3	3	2	8	8	8	8	5	5	8	6	6	6	8	8
9	9	9	9	9	5	5	5	5	2	8	8	8	8	5	5	5	6	8	8	8	8

7	7	7	7	7	7	7	8	8	8	8	2	2	9	9	9	9	2	2	3	3	3
4	4	4	4	2	2	8	8	8	8	3	3	3	7	9	9	9	9	9	5	5	5
9	9	9	9	3	3	3	7	7	4	4	4	4	7	7	7	7	7	6	6	5	5
9	9	3	9	6	6	7	7	7	7	7	5	5	5	5	5	7	4	4	6	6	6
9	9	3	3	6	6	6	6	4	4	4	4	6	6	6	2	2	4	4	3	3	6
2	2	4	4	8	8	8	8	2	2	6	6	6	8	5	5	5	5	5	3	2	2
3	3	4	4	8	8	8	8	9	9	9	9	9	8	8	8	3	3	3	4	4	3
5	3	7	7	7	7	7	7	9	9	3	9	9	7	8	8	6	6	4	4	2	3
5	5	7	5	5	5	5	5	2	2	3	3	7	7	8	8	6	3	3	3	2	3
5	5	3	3	3	2	2	3	3	3	7	7	7	7	6	6	6	5	5	5	5	5

7	7	1	7	9	9	9	2	2	6	6	6	6	6	6	7	7	7	7	7	7	7
7	7	7	7	9	9	9	9	8	3	3	3	4	4	1	3	3	3	4	4	4	4
8	8	8	8	5	5	9	9	8	2	2	4	4	3	5	5	2	2	5	5	5	5
8	8	8	8	5	5	5	8	8	6	6	2	2	3	3	5	5	5	3	3	3	5
2	2	9	9	9	9	3	8	8	6	6	8	8	8	8	2	2	6	6	6	2	2
9	9	9	2	2	3	3	8	8	6	6	8	8	8	8	6	6	6	4	4	4	4
9	9	3	3	3	5	5	9	9	9	5	5	5	5	5	7	7	7	7	7	7	7
6	6	4	4	5	5	5	9	9	2	2	3	3	3	6	6	5	5	4	4	4	4
6	6	4	4	9	9	9	9	7	7	7	4	2	2	6	6	5	3	3	3	2	2
6	6	5	5	5	5	5	7	7	7	7	4	4	4	6	6	5	5	4	4	4	4

2		8	8			7	5				6					2				8	
	3			8						5	9				9	3			5	8	
5			6	3		8	4				8	8	8					9			
					4		4	3			8	8	8		8			3	2		
2	2			6			3	5				5	2		6						
							8				4	3			4		4	4			2
					3			2		6	6		4	4							3
		9			7		4	4					4			8	8	6			8
		2		3				3	2	8	8	8			5				6	8	
				9				5		8			8	5		5	6	8			

7											2	2						2	3		3
4				2					8			3	7		9			9			5
9				3		3	7	7				4	7				7		6	5	
			9	6								5				7		4			
	9		3	6	6	6	6		4	4	4					2	4	4	3		6
	2		4	8					2	6							5				2
			4							9					8			3		4	3
	3		7		7	7	7				9	9								2	
	5						5	2	2		3	7		8	8				3		
5				3		2			3		7			6						5	

7	7		7				2		6									7			
7	7	7	7				9	8		3		4	4		3		3	4			
				5	5					2	4			5		2		5			
8	8	8		5		5	8		6	6		2	3				5	3			
	2					3		8	6	6		8	8	8		2	6		6	2	
9			2		3					6	8	8	8		6				4		
9		3					9	9						5	7						
6	6	4	4	5						2			3	6			5	4			
			4	9						7	4	2	2			5	3				2
				5			7										5		4		4

7	7	8	8	4	4	4	4	7	2	2	3	3	3	2	2	4	4	4	4	7	7
7	7	8	8	8	8	2	2	7	7	7	2	2	5	4	4	7	7	7	7	7	3
7	2	2	8	8	3	3	3	8	7	7	7	5	5	4	4	8	8	8	8	3	3
7	7	6	6	6	6	6	6	8	8	8	8	5	5	2	2	8	8	8	8	2	2
2	2	1	5	3	3	3	4	4	4	4	8	8	8	6	6	6	6	6	5	5	1
3	3	3	5	5	5	5	6	6	6	6	9	9	9	9	5	5	6	5	5	5	3
4	4	4	4	7	7	6	6	9	9	9	9	8	8	8	5	4	4	4	4	3	3
7	7	7	7	7	2	2	4	9	7	7	8	8	8	4	5	5	7	7	7	2	2
6	6	6	6	6	4	4	4	8	8	7	7	8	8	4	7	7	7	8	8	4	4
1	2	2	6	8	8	8	8	8	8	7	7	7	4	4	7	8	8	8	8	4	4
3	3	3	4	4	4	4	1	2	2	5	5	3	3	3	2	2	8	8	3	3	3
2	2	5	5	5	5	5	3	3	3	5	5	5	2	4	4	7	7	7	2	2	5
5	5	2	2	3	3	3	2	2	1	2	2	3	2	4	4	7	7	7	7	5	5
5	5	5	7	7	7	4	4	4	4	5	5	3	3	5	5	5	3	3	3	5	5
7	7	7	7	4	4	9	3	3	3	5	5	5	8	5	5	8	8	7	7	7	7
5	6	6	6	4	4	9	9	9	9	9	9	9	8	8	8	8	3	3	3	7	7
5	6	6	6	5	5	5	6	6	6	6	9	3	3	3	8	9	9	9	9	7	6
5	5	2	2	5	5	3	3	8	8	6	6	9	9	9	9	9	6	6	6	6	6
3	5	3	3	3	2	2	3	8	8	8	8	8	8	5	5	5	4	4	4	4	5
3	3	5	5	5	6	6	7	7	7	7	7	7	7	5	5	3	3	5	5	5	5
8	8	3	3	5	5	6	6	6	6	3	3	3	1	2	2	3	4	4	4	4	1
8	8	3	4	4	4	4	3	3	3	5	5	5	3	3	3	6	6	6	6	3	3
8	8	8	7	7	7	7	7	7	7	5	5	6	6	6	6	3	3	3	6	3	1
8	3	4	4	2	3	3	6	2	2	3	3	3	6	6	9	9	9	9	6	2	2
3	3	4	4	2	3	6	6	6	6	6	7	7	7	7	9	9	9	2	2	4	4
6	6	6	6	6	6	4	4	4	4	3	3	3	7	7	7	9	9	3	3	3	4
4	4	4	3	3	3	5	5	5	5	5	9	9	9	9	6	6	6	6	5	5	4
2	2	4	6	6	6	6	6	3	3	3	2	2	9	7	5	5	6	6	3	5	5
7	7	7	6	8	8	8	8	8	8	9	9	9	9	7	7	5	5	5	3	3	5
7	7	7	7	8	8	7	7	7	7	3	3	3	2	2	7	2	2	4	4	4	4
5	3	3	3	4	4	4	7	7	7	6	6	6	6	6	7	7	7	6	6	6	6
5	5	5	5	2	2	4	5	5	5	5	5	6	3	3	3	4	4	4	4	6	6

Puzzle 391

7	7		8				4	7	2			3		2	2				4	7	
	7				8		2				2					7					3
		2					3	8			7	5		4		8	8	8		3	
							6	8	8			5	5	2		8	8	8			
		1	5			3	4		4			8		6					5	5	1
3	3					5				6				9	5			5			
4			4									8		8		4					
				7	2	2					8			4	5	5		7	7	2	2
6		6		6			4	8	8			8	8			7				4	
1			6	8					8	7			4		7		8			4	4
3		3	4			4		2	2	5	5	3			2						3
	2			5								5	2	4		7	7	7		2	
5		2			3		2	2	1							7			7		5
		5	7		7						5		3	5		5		3	3		
	7	7	7				3	3	3	5		5					8			7	7
5				4	4		9		9			9			8		3				7
		6				5		6			9			3					9	7	
5		2							8		6	9		9	9	9				6	
	5	3			2	2	3	8				8		5			4			4	5
3				5	6		7				7	7						5			
8			3									3	1	2	2	3	4			4	
	8	3	4				3			5		5				6					
			7						7	5	5	6		6	6	3	3	3			1
8	3		4	2			6	2				3	6	6			9		6	2	
3			4		3	6			6					7					2	4	
6					6		4		4			3			7					3	
	4				3	5				5		9		9	6						4
2	2					6	6	3				2	9		5		6				
7						8			8			9		7						3	5
	7		7		8	7				3		3	2			2				4	
	3		3					7	7			6						6			6
	5				2	4					5		3			4					

Lösung - Solution: Puzzle 392

8	8	8	2	2	6	6	2	2	9	9	9	2	2	9	4	4	4	4	3	3	3
8	8	8	8	8	6	6	6	6	5	5	9	9	9	9	9	8	8	8	2	2	7
6	6	6	6	6	9	9	9	5	5	5	3	3	3	4	4	8	8	8	7	7	7
6	9	9	9	9	9	9	4	4	4	8	8	7	7	4	4	8	8	3	7	7	7
3	3	3	7	7	7	7	4	8	8	8	8	7	5	5	5	2	2	3	3	2	2
2	2	7	7	7	6	6	8	8	7	7	7	7	5	5	3	3	3	4	4	3	3
3	3	3	6	6	6	3	3	3	4	4	4	4	9	9	9	9	9	4	4	3	9
4	4	7	7	6	7	4	4	2	2	9	9	9	9	1	2	2	3	3	3	9	9
4	4	7	4	4	7	7	4	6	5	5	5	5	5	3	3	3	9	9	9	9	9
2	7	7	4	4	7	7	4	6	2	2	1	2	2	1	4	4	9	3	3	3	5
2	7	7	2	2	3	7	7	6	6	6	6	4	4	3	3	4	4	5	5	5	5
4	4	4	4	3	3	8	8	8	2	2	4	4	7	7	3	7	7	7	3	3	3
2	5	5	5	2	2	8	8	8	3	3	3	7	7	7	7	8	8	7	7	7	7
2	5	5	4	4	4	7	7	8	8	2	2	7	8	8	8	8	8	3	3	3	5
3	3	3	4	3	3	7	7	7	7	7	5	5	8	6	6	6	6	5	5	5	5
2	5	2	2	3	4	4	4	4	2	2	5	5	5	6	6	2	2	1	3	3	3
2	5	5	5	5	3	7	7	7	7	7	7	7	9	9	4	4	4	4	6	6	6
9	9	9	9	9	3	3	4	4	9	4	4	9	9	9	9	9	9	9	6	6	6
7	7	7	9	9	9	9	4	4	9	4	4	6	6	6	6	6	6	2	2	4	4
7	7	7	7	3	3	3	9	9	9	5	5	5	9	9	9	9	3	3	3	5	4
6	6	6	6	2	2	9	9	9	9	5	5	9	9	9	9	9	5	5	5	5	4
3	6	6	8	8	8	8	8	8	8	8	2	2	7	7	7	7	7	6	6	6	6
3	3	2	2	3	3	7	7	4	3	3	3	9	9	9	7	7	5	5	7	6	6
4	4	7	7	7	3	7	7	4	4	4	6	6	6	9	9	5	5	5	7	7	7
4	4	7	7	7	7	3	7	7	7	6	6	6	9	9	9	9	4	4	7	7	7
6	6	6	6	6	6	3	3	4	4	4	4	8	8	8	8	8	4	4	3	3	3
2	2	8	8	8	8	8	8	5	5	3	3	2	2	8	8	8	5	5	5	5	5
3	3	8	8	3	3	3	5	5	5	3	6	6	6	6	6	6	4	4	3	3	3
3	6	6	6	6	6	6	4	4	4	4	8	8	8	8	8	2	3	4	4	2	2
9	9	9	9	7	7	2	2	8	3	3	3	8	8	4	4	2	3	3	6	6	6
3	3	3	9	7	3	3	3	8	8	8	1	8	4	4	9	9	9	9	6	6	6
9	9	9	9	7	7	7	7	8	8	8	8	3	3	3	9	2	2	9	9	9	9

Puzzle 392

			2	2		6	2			9		2						4	3		
			8		6			6	5	5					9		8	8	2	2	
				6	9			5		5		3	3								
6									4						4	8			7		7
		3	7			7	4				8				5	2			3		2
	2		7	7				8	7				5		3						
	3	3	6			3		3	4								9	4		3	
	4	7		6			4		2	9				1				3	3		
			4	4		7		6	5				5	3		3					
2	7		4				4				1					4	9	3			
			2			7	7	6	6		6		4	3			4	5			5
4				3						2	4			7		7			3		
2	5		5	2	2		8				3						8		7		
	5		4				7		8		2	7						3	3	3	
	3				3	7				7	5	5	8	6	6	6	6				5
			2	3		4				2				6	6			1	3		
2				5	3	7						7	9		4			4	6	6	6
			9			3		4	9	4		9		9				9			
7	7	7		9				4		4						6		2	2	4	
			7	3				9		5		5		9		9	3				
6			6	2		9		9			5		9		9		5			5	4
	6		8						8		2		7				7				
3			2	3			7	4	3		3	9	9		7	7				6	6
4	4		7		3							6	6		9			5	7		7
	4					3					6					9	4	4		7	7
	6		6	6	6			4					8		8	8	4				3
	2					8		5	5	3			2	8	8	8					5
	3		8	3			5		5				6				4		3		
3					6				4	4	8				8	2	3	4		2	2
	9	9			7	2	2	8	3				8		4						
		3	9			3			8	8						9					6
	9	9					7	8	8					3	9	2			9		9

Lösung - Solution: Puzzle 393

2	2	8	8	8	8	8	6	6	6	6	1	6	6	6	5	5	5	5	3	3	6
5	3	3	3	8	8	8	6	6	7	7	7	6	6	6	2	3	3	5	3	6	6
5	5	5	5	3	3	3	7	7	7	7	8	8	8	7	2	3	2	3	6	6	6
6	6	6	6	6	6	2	2	3	3	3	8	7	7	7	7	7	2	3	3	4	4
7	7	5	5	5	5	6	6	6	6	8	8	7	4	4	3	3	3	5	4	4	3
7	7	7	7	7	5	2	2	6	6	8	8	2	2	4	4	5	5	5	7	7	3
5	5	5	5	2	2	7	7	7	7	2	2	6	6	6	6	5	7	7	7	4	3
3	3	3	5	7	7	7	4	4	5	9	9	9	9	9	6	6	5	7	7	4	4
8	8	8	8	1	9	9	4	4	5	5	5	5	9	9	9	9	5	5	5	5	4
8	8	5	5	9	9	9	9	9	6	6	4	4	4	3	3	2	2	4	4	1	2
8	8	5	5	5	9	9	4	4	6	6	6	6	4	3	7	7	7	4	4	3	2
2	2	7	7	7	7	4	4	2	2	4	4	9	9	7	7	7	7	2	2	3	3
9	9	9	7	7	7	3	3	3	4	4	3	3	9	9	9	9	9	9	9	4	4
9	3	3	4	4	4	4	2	2	8	8	3	7	7	7	7	7	6	6	6	4	4
9	3	2	2	5	2	2	3	3	3	8	8	7	7	2	2	6	6	6	7	7	7
9	9	9	9	5	5	5	5	9	9	8	8	6	3	3	3	1	2	2	7	7	7
8	8	8	8	3	3	3	9	9	9	8	8	6	6	4	4	4	4	3	3	3	7
8	8	8	8	2	2	9	9	7	7	7	7	6	6	6	5	5	5	5	5	4	4
4	4	4	4	3	3	3	9	9	7	7	7	9	9	4	4	4	4	1	3	4	4
7	7	7	7	7	2	2	3	1	9	9	9	9	9	9	2	2	5	5	3	3	1
5	7	7	2	2	4	4	3	3	9	4	4	4	4	3	3	3	5	5	5	2	2
5	5	5	5	6	4	4	7	6	6	6	7	7	7	7	5	5	4	4	4	4	1
6	6	6	6	6	7	7	7	6	6	6	7	8	8	7	7	5	5	5	3	3	3
8	8	8	8	7	7	7	8	4	4	2	2	8	8	9	9	7	7	7	2	2	1
8	8	6	6	6	8	8	8	4	4	8	8	8	9	9	7	7	7	7	6	6	6
8	8	6	6	8	8	6	6	6	6	8	3	3	3	9	9	9	9	9	6	6	6
4	2	2	6	8	8	6	6	7	7	7	7	7	7	7	6	6	6	6	8	2	2
4	4	4	2	2	4	4	4	4	9	9	9	9	9	3	6	6	8	8	8	8	8
9	9	9	9	9	9	9	9	2	2	9	9	9	9	3	3	5	5	6	6	8	8
9	2	2	5	5	2	2	6	6	6	6	5	5	5	5	4	4	5	6	6	6	6
3	3	3	5	5	5	3	3	3	6	6	5	3	3	3	4	4	5	5	8	8	8
7	7	7	7	7	7	7	2	2	3	3	3	5	5	5	5	5	8	8	8	8	8

Puzzle 393

2												6		6	5			5	3		6
5	3		3		8	8	6	6	7		7				2		3			6	
				3			7			7			8	7			2			6	
6					6		2	3				7		7					3	4	
		5			5			6							3				4		
	7				5	2	2		6	8			2		4	5			7		3
5	5				2				7	2		6			6		7	7		4	
	3		5		7		4		5	9			9	9				7	7	4	4
8		8			9	9				5			9		9	9		5			4
8	8	5	5	9	9			9	6	6	4	4			3	2			4	1	
8	8			5	9	9						6		3		7		4	4		
2				7		4		2			4	9			7			2		3	
9		9				3						3		9					9	4	
		3	4		4			2		8		7				7	6		6		4
		2		5	2		3							2	2	6		6	7		7
		9				5		9	9	8		6				1			7	7	
8	8	8				3		9	9	8	8	6		4	4		4			3	7
8	8	8	8		2	9						6		6		5				4	4
	4					3		9		7	7	9	9	4						4	
7					2			1					9		2			5			1
5		7		2									4	3			5	5	5		2
5			5		4	4	7			6											1
6	6	6		6	7			6	6	6		8	8	7	7	5		5	3		3
	8			7		7	8				2		8		9	7		7			1
		6		6					4				9		7		7	7	6	6	
		6		8		6	6		6			3			9	9		9	6	6	6
4	2			8					7			7		7				6	8		2
				2	4			4	9			9		3			8				8
					9			2						3	3	5		6	6	8	
9	2			5	2	2	6	6					5				5	6			
	3	3					3			6	5			3	4		5		8		
		7				7	2		3				5	5			8			8	8

Lösung - Solution: Puzzle 394

9	7	7	7	7	7	7	7	3	6	6	6	6	4	4	4	4	3	3	3	2	2
9	2	2	8	8	8	8	3	3	6	6	1	7	7	7	6	6	6	6	5	5	5
9	7	8	8	8	8	2	2	8	8	8	8	7	7	7	7	6	6	9	9	5	5
9	7	7	7	7	7	7	1	8	8	8	8	9	9	9	9	9	9	9	1	2	2
9	9	9	9	9	3	3	3	5	5	5	4	4	4	4	8	8	8	8	3	3	3
5	5	5	5	5	4	4	5	5	4	4	3	3	3	8	8	8	8	4	4	2	2
2	8	8	8	4	4	6	6	6	6	4	4	7	7	7	7	7	7	7	4	4	6
2	8	5	5	5	5	5	4	6	6	8	3	5	5	5	5	5	6	6	6	6	6
8	8	8	8	3	3	3	4	8	8	8	3	3	8	8	8	8	5	4	4	4	4
4	4	5	5	5	8	8	4	4	8	8	2	2	8	8	8	8	5	5	9	9	9
4	4	5	5	8	8	6	6	6	8	8	7	7	7	7	7	7	7	5	5	9	9
6	6	6	8	8	6	6	6	9	9	9	9	9	8	8	8	5	5	9	9	9	9
6	6	6	8	8	2	2	9	9	9	9	8	8	8	8	8	5	3	3	3	4	4
5	5	5	5	5	4	5	5	5	5	5	3	3	6	6	5	5	7	7	7	7	4
3	2	2	4	4	4	6	6	6	6	2	2	3	6	6	6	6	9	7	7	7	4
3	3	9	3	3	3	6	2	2	6	4	4	4	4	9	9	9	9	5	5	5	5
9	9	9	2	2	5	5	5	3	3	3	9	9	9	9	4	2	2	3	3	3	5
3	3	9	4	4	4	5	5	8	8	8	8	3	3	3	4	4	4	8	8	8	8
3	9	9	4	7	7	7	7	7	8	8	7	7	7	7	3	3	3	8	8	8	8
9	9	6	6	6	7	7	4	4	8	8	7	7	7	1	4	4	5	5	5	5	5
6	6	6	8	8	8	8	4	4	6	6	6	6	6	6	4	4	3	3	3	8	8
5	8	8	8	8	2	2	7	7	7	7	7	3	3	2	2	5	5	5	5	5	8
5	5	3	3	3	8	8	7	7	5	5	5	5	3	6	6	6	8	8	8	8	8
5	5	6	6	6	8	8	8	3	4	4	5	2	2	6	6	6	7	7	7	4	4
6	6	6	2	2	8	8	8	3	3	4	4	1	5	5	5	5	5	7	7	4	4
3	3	3	6	4	5	5	5	5	5	3	3	3	2	2	4	4	4	4	7	7	3
4	4	6	6	4	4	4	8	8	8	4	4	7	7	7	6	6	6	6	6	3	3
4	4	6	6	3	3	3	8	8	8	4	4	7	7	7	3	3	3	4	6	2	2
3	3	3	6	2	2	8	8	5	5	3	3	3	7	2	2	4	4	4	3	3	3
2	2	6	3	3	3	6	6	5	5	5	1	2	2	3	3	3	9	9	9	2	2
6	6	6	6	6	2	2	6	4	4	3	3	5	5	5	5	5	9	9	4	4	4
5	5	5	5	5	6	6	6	4	4	3	1	2	2	9	9	9	9	3	3	3	4

	7						7	3	6	6		6				4			3	2	
	2				8				6	6			7	7				6	5		
	7			8		2	2	8	8	8	8	7	7		7			9	9		
		7				7			8	8	8	9				9		9		2	2
9				9	3					5				4				8			3
		5			4		5			4			3		8		8			2	
2	8		8	4		6			6					7	7			7	4	4	
					5		4			8	3	5	5	5	5	5		6			
			8	3	3	3		8									5	4			
	4							4			2		8			8		5	9		
4	4		5							8	7					7					
		6	8		6		6				9	9	8			5	5		9		
	6	6		8	2		9	9	9					8	8				3	4	
				5	4			5							5	5	7		7	7	
3	2	2					6				2	3	6	6			9		7		
					3	6		2	6			4	4			9		5			
	9			2	5					3					4	2		3			
3	3			4				8			8		3				4	8	8	8	
				7			7	7			7	7	7	7			3				8
9	9			6	7	7	4		8		7	7	7			4		5			5
		6		8				4	6						4	4		3		8	
	8			8	2	2		7				3			2				5	5	8
5	5		3				7		5			5		6	6						
	5			6	8			3	4		5				6	6			7		4
	6			2	8				3		4	1					5				4
		3	6		5	5	5		5					2				4		7	
4	4	6				4	8			4	4	7	7	7					6	3	
	4	6				3				4		7		7			3		6	2	
	3			2		8		5	5	3			7		2			4	3		
	2	6			3			5		5			2			3	9		9		2
6			6	6	2				4		3	5				5		9			4
		5			6						1									3	

Lösung - Solution: Puzzle 395

9	9	9	9	9	4	4	4	4	5	5	5	7	7	5	5	5	5	5	2	2	5
9	9	9	3	3	3	7	7	7	7	5	5	7	7	2	2	6	6	6	6	6	5
2	2	9	4	4	4	4	7	7	7	4	4	4	7	7	7	4	4	4	6	5	5
3	3	3	6	6	5	5	5	5	5	4	5	5	5	5	5	4	8	8	8	3	5
8	8	8	8	6	6	6	6	3	3	3	6	6	6	6	6	6	8	8	8	3	3
3	3	3	8	8	8	8	9	9	9	4	4	4	4	3	3	3	8	8	4	2	2
2	2	9	9	9	9	9	9	8	8	8	8	7	7	1	2	2	4	4	4	3	3
6	6	6	4	4	4	6	6	6	8	8	8	7	7	6	6	6	6	6	6	3	1
6	6	6	4	8	8	8	8	6	6	6	8	7	7	7	1	7	7	7	7	2	2
9	9	9	3	8	8	8	8	5	9	2	2	4	4	4	4	2	2	4	7	7	7
9	9	9	3	3	5	5	5	5	9	9	5	5	5	5	5	4	4	4	3	3	3
9	9	9	4	4	4	4	9	9	9	9	9	9	2	2	7	3	3	3	5	4	4
3	3	3	8	8	8	8	8	8	8	7	7	7	7	7	7	5	5	5	5	4	4
4	4	5	6	6	6	6	6	6	8	9	9	9	5	5	5	9	9	9	9	9	3
4	4	5	5	5	5	2	2	4	9	9	9	9	5	5	3	3	2	9	9	3	3
3	3	3	7	7	7	4	4	4	3	3	3	9	9	7	7	3	2	9	9	2	2
7	7	7	7	4	4	7	7	7	7	7	7	7	3	3	7	7	7	8	8	8	8
2	2	5	5	4	4	5	5	5	4	4	4	4	3	9	9	7	7	8	8	8	8
8	8	5	3	3	3	5	5	3	3	3	2	2	9	9	9	9	9	9	9	2	2
8	8	5	5	2	2	4	4	4	4	5	5	5	6	6	6	6	6	6	3	3	3
8	8	8	8	5	5	3	3	3	5	5	6	6	5	5	5	5	5	7	2	2	5
7	7	7	7	5	5	5	2	2	6	6	6	6	3	3	3	7	7	7	5	5	5
7	7	7	9	9	6	8	8	8	8	8	8	8	8	4	4	7	7	7	6	6	5
9	9	9	9	9	6	6	7	7	7	7	7	7	4	4	8	8	8	8	6	6	6
8	8	9	9	6	6	6	2	2	7	6	6	6	6	6	8	8	8	8	6	3	3
8	8	8	8	8	8	4	4	3	3	3	6	2	2	4	4	4	4	6	4	4	3
6	6	6	6	5	5	5	4	4	8	8	3	3	5	5	5	2	2	6	6	4	4
2	2	6	6	5	7	7	7	8	8	8	8	3	5	5	3	3	3	5	6	6	6
4	4	4	4	5	4	4	7	7	8	8	5	5	1	2	2	4	4	5	5	5	5
7	7	7	2	4	4	7	7	3	3	3	5	5	5	3	3	3	4	4	3	3	3
7	7	4	2	3	3	3	4	4	7	7	7	7	4	4	4	4	5	5	5	5	5
7	7	4	4	4	2	2	4	4	7	7	7	5	5	5	5	5	1	4	4	4	4

Puzzle 395

				9		4				5		7						5	2		
9					3	7		7				7			2	6			6		
2						4				4		4			7		4		6	5	
3			6				5	5	5						5		8	8	8	3	
8							6			3	6		6	6	6	6	8		8		3
3									9	4	4							8	4		2
2		9	9	9		9		8				7		1	2			4	4		
6				4					8	8		7		6			6		6		1
6	6		4	8	8	8	8		6		8	7								2	2
9	9		3	8		8		5		2		4					2	4		7	
				3	5			5			5	5							3		3
9					4		9						2					3	5		4
3		3	8	8	8	8				7						5				4	4
4	4	5	6				6				9				5				9		
					5	2	2		9		9		5	5		3	2		9	3	
3		3			7			4		3			9		7		2			2	2
												7		3				8	8		
	2		5	4				5				4		9	9		7	8			
	8		3				5			3		2	9		9					2	2
	8		5	2					4		5	5	6						3		
8			8	5				3	5	5			5					7	2		
			7			5	2	2			6		3		3	7			5		
7	7	7		9	6	8						8					7	7		6	5
	9			9		6		7				7	4	4			8	8			6
8	8	9						2	7					6	8						
8			8	8	8				3				2	4			4		4		3
		6	6				4	4	8		3				5	2		6	6		4
2	2				7			8					5	5	3			5		6	
			4	5	4						5	5			2			5			
			2	4		7		3		3	5					3		4	3		3
7		4			3		4	4	7	7						4	5	5			5
		4			2											5					4

Lösung - Solution: Puzzle 396

3	3	3	2	2	9	9	9	9	9	4	4	4	4	2	2	9	9	9	9	2	2
5	5	5	9	9	9	9	7	7	7	7	7	7	7	3	3	3	9	9	6	3	3
5	5	2	2	4	4	4	4	6	6	6	6	6	6	2	2	9	9	9	6	6	3
7	7	7	7	6	6	6	6	5	5	5	5	5	4	4	4	4	8	8	6	6	6
7	7	7	6	6	5	5	5	8	8	3	3	3	7	7	1	7	8	8	3	3	3
2	2	3	3	3	5	5	8	8	4	4	5	5	7	7	7	7	8	8	5	5	5
4	4	5	2	2	8	8	8	8	4	4	5	5	5	4	4	8	8	5	5	2	2
4	4	5	5	5	5	3	4	4	9	9	9	9	4	4	7	7	7	7	3	3	3
2	2	7	7	7	7	3	3	4	4	9	9	9	9	7	7	7	4	4	4	2	2
3	3	3	7	7	7	2	2	3	3	9	2	2	1	3	3	3	4	6	6	6	6
2	2	6	6	6	6	6	6	3	4	4	3	3	3	2	2	7	7	6	4	4	6
8	8	7	7	7	7	7	7	7	4	4	5	5	5	5	7	7	7	7	7	4	4
8	8	8	8	8	8	3	3	3	6	6	3	3	3	5	2	2	5	5	3	3	3
7	7	7	7	2	2	4	4	6	6	6	4	4	5	3	3	3	5	5	5	2	2
7	7	7	3	3	3	4	4	6	2	3	4	4	5	5	5	5	4	4	7	7	7
4	4	3	5	5	7	7	7	7	2	3	3	6	6	6	6	6	4	4	7	2	2
4	4	3	3	5	5	5	7	7	7	2	2	9	9	2	2	6	5	5	7	7	7
6	6	6	4	4	4	4	5	5	5	5	5	9	9	9	4	4	5	5	5	4	4
6	6	6	5	5	2	2	7	7	7	6	6	6	9	9	4	4	8	8	8	4	4
3	3	3	5	5	5	7	7	7	7	6	6	6	9	9	8	8	8	8	8	2	2
9	9	9	9	9	9	9	3	8	8	4	4	4	4	2	2	9	9	3	3	3	9
9	2	2	6	6	2	2	3	3	8	8	5	5	5	5	5	9	9	9	9	9	9
9	6	6	6	6	4	4	4	4	8	8	6	6	6	3	3	3	2	2	3	3	3
5	5	5	9	9	9	9	9	6	8	8	6	6	6	2	2	4	4	4	4	2	2
5	5	6	6	9	9	6	6	6	5	5	5	9	9	9	9	5	5	5	5	4	4
6	6	6	6	9	9	6	6	5	5	9	9	9	2	7	7	7	7	7	5	4	4
2	2	5	5	5	5	4	4	4	2	2	9	9	2	7	7	9	9	9	9	9	3
3	8	8	8	8	5	4	2	2	1	6	6	6	6	6	6	9	9	9	9	3	3
3	3	8	8	8	4	3	3	3	4	4	4	4	7	7	2	2	5	4	4	4	4
2	2	8	4	4	4	5	5	5	5	5	7	7	7	6	6	6	5	5	5	5	2
3	3	3	6	6	6	6	8	8	8	8	7	7	5	6	6	6	8	8	8	8	2
4	4	4	4	6	6	8	8	8	8	2	2	5	5	5	5	2	2	8	8	8	8

Puzzle 396

	3			2	9		9		9	4				2					9		2
5		5				9				7				3				9			
5	5	2					4	6		6			6	2		9		9		6	3
			7				6	5				5	4			4					6
7					5		5			3			7	7		7	8				3
2		3		3		5	8		4		5		7	7	7	7					5
4				2	8				4		5		5					5			2
	4	5							9					4	7			7	3		
	2	7		7		3	3		4					7	7	7	4				2
3			7			2			3	9	2	2	1				4				
2			6						4					2	2			6			6
8		7									5	5		5		7			7	4	
8						3	3	3	6	6		3		5		2		5		3	
	7			2	2					6		4				3	5		5	2	
	7			3		4		6	2	3	4	4				5			7		
	4			5	7			7				6				6	4		7	2	
4	4		3			5			7	2		9		2	2		5			7	7
6	6			4		4				5					4			5			
				5	2	2		7	7	6	6	6			4		8	8	8		4
3		3	5					7		6		6			8		8				2
			9		9			8	8	4			4	2				3		3	9
	2				2		3		8		5				5						
9	6			6	4		4					6		3		3	2				3
5		5						6		8	6			2		4					2
	5	6	6		9	6	6				5				9	5		5			4
			6			6		5		9	9							7	5		
	2			5		4	4	4			9	9	2	7			9	9		9	
3	8		8	8	5	4			1	6					6				9	3	
			8	8		3		3		4					2	2	5			4	4
	2	8	4			5			5	5	7							5		5	2
3		3	6			6	8				7		5	6						8	
		4									2	5			5		2	8			

Lösung - Solution: Puzzle 397

8	4	4	4	4	2	2	8	8	8	8	8	8	7	7	7	2	2	1	2	2	1
8	8	8	8	8	8	8	1	8	8	5	5	5	5	7	7	5	5	5	5	5	3
2	2	7	7	7	7	5	4	2	2	5	2	2	7	7	6	6	6	6	4	4	3
4	4	7	7	7	5	5	4	6	6	6	4	4	1	3	3	3	6	6	4	4	3
4	4	6	6	6	5	5	4	4	6	6	6	4	4	5	5	5	5	5	1	2	2
6	6	6	7	7	8	8	8	8	8	8	9	2	2	4	4	4	4	3	3	3	5
3	3	3	7	5	5	5	5	5	8	8	9	9	9	9	9	9	9	5	5	5	5
4	4	7	7	4	4	4	4	2	2	4	4	6	6	6	9	6	6	6	6	6	6
4	4	7	7	9	9	9	9	9	9	4	4	6	6	6	2	2	4	4	4	4	5
5	5	5	4	4	9	9	9	2	2	8	8	8	8	8	8	3	3	5	5	5	5
5	5	3	4	4	1	7	7	6	6	6	6	6	6	8	8	3	9	9	9	3	3
2	2	3	3	7	7	7	8	8	8	8	8	8	9	9	9	9	9	9	6	6	3
4	4	4	7	7	5	5	5	5	5	7	8	8	7	7	7	2	2	6	6	6	6
2	2	4	3	3	3	6	6	6	6	7	7	2	2	7	7	8	8	8	8	8	8
3	3	3	5	5	5	5	5	6	6	7	7	4	7	7	5	3	3	3	6	6	8
6	6	6	6	6	6	3	3	3	7	7	4	4	4	5	5	2	6	6	6	6	8
3	3	4	4	2	2	4	4	2	2	5	5	6	6	5	5	2	3	5	5	2	2
3	1	4	4	3	3	4	4	5	5	5	6	6	4	4	4	4	3	3	5	5	5
2	2	5	5	5	3	6	6	9	9	9	6	6	9	9	6	6	6	6	9	9	9
4	4	4	5	5	6	6	4	4	4	9	9	9	9	6	6	9	9	9	9	9	9
2	2	4	2	2	6	6	2	2	4	8	8	8	8	5	7	7	7	5	5	5	5
7	7	7	7	7	5	3	3	3	8	8	8	8	5	5	5	5	7	7	7	7	5
7	4	4	4	4	5	5	5	5	4	4	3	3	3	2	2	1	3	3	3	8	8
7	6	6	3	3	3	9	9	9	9	4	4	2	2	4	4	4	4	2	2	8	8
4	4	6	6	6	6	9	9	9	9	9	5	7	7	7	7	7	7	7	8	8	8
4	4	2	2	8	8	7	7	7	5	5	5	5	8	8	8	8	2	2	4	4	8
6	6	6	6	8	8	2	2	7	4	4	4	4	8	8	8	8	7	7	7	4	4
6	6	8	8	8	8	5	5	7	7	7	3	3	3	6	6	4	4	4	7	7	7
2	2	6	6	5	5	5	3	3	3	9	9	9	9	6	6	8	8	4	5	5	7
6	6	6	6	9	9	6	6	6	9	9	5	5	5	6	6	8	8	8	5	5	5
4	4	3	3	9	9	6	6	6	9	9	9	5	5	3	3	3	8	8	8	4	4
4	4	3	9	9	9	9	9	2	2	3	3	3	4	4	4	4	2	2	4	4	1

Puzzle 397

				4		2	8				8		7		7			1			
	8			8	8	8		8	8	5			5		7	5				5	
2	2							2	2			2		7	6				4	4	
	4	7	7	7	5	5			6		4			3		3		6	4	4	3
			6			5		4			6	4	4	5				5			2
6					8					8			2	4			4	3		3	
		3		5						8						9		5			
	4	7		4					2	4	4	6	6			6	6			6	
	4			9		9			9					6		2		4	4	4	
		5	4	4		9	9		2	8					8		3				5
5			4	4			7	6				6					9		9	3	
2		3				7			8			8	9					9			3
			7						5	7							2	6			
	2	4	3		3				6	7	7	2			7			8	8		
	3						5				7	4		7	5	3		3	6	6	8
		6			6		3		7	7						2	6			6	
	3				2	4	4	2	2	5			6					5		2	
3	1	4	4	3							6	6	4			4	3			5	
		5		5	3						6	6		9				6	9	9	9
4			5	5			4	4		9			9					9		9	9
	2	4		2		6	2		4	8				5	7		7				5
				7				3	8		8	8	5			5		7	7	7	
	4			4				5	4		3		3			1					8
	6				3	9		9		4		2		4			4	2	2	8	
4					6	9		9				7			7			7		8	
	4	2		8		7			5			5			8			2			8
6		6			8	2	2		4				8			8					4
	6	8		8	8				7	7	3			6	6			4			7
	2	6			5		3	3					9		6	8		4	5	5	
					9	6			9		5	5	5	6	6	8		8			5
	4			9	9				9		9				3		8		8	4	4
	4	3	9				9		2	3						4	2		4		

Lösung - Solution: Puzzle 398

2	2	6	6	6	6	6	6	4	4	3	3	3	6	6	6	6	6	6	2	2	5
4	4	4	4	5	5	5	5	4	4	2	2	4	4	4	4	2	2	5	5	5	5
8	8	8	8	8	2	2	5	8	8	8	8	8	8	8	8	3	3	3	2	2	4
8	8	8	2	2	7	7	7	5	3	3	3	5	5	5	5	5	2	2	4	4	4
9	9	9	9	7	7	7	7	5	5	5	5	6	6	6	4	3	3	3	9	9	9
9	9	9	5	5	4	4	4	4	3	6	6	6	4	4	4	9	9	9	9	9	9
4	4	9	9	5	5	5	2	2	3	3	8	8	8	8	8	3	3	3	5	2	2
4	4	5	5	7	7	7	6	6	6	6	2	2	8	8	8	5	5	5	5	4	4
5	5	5	4	4	7	7	6	6	2	2	4	4	4	5	5	3	3	3	8	4	4
3	3	3	4	4	7	7	2	2	6	6	6	6	4	3	5	5	8	8	8	2	2
4	4	7	7	7	2	2	3	3	3	7	7	6	6	3	3	5	6	8	8	8	8
4	4	7	8	8	8	8	6	6	6	6	7	9	9	9	9	9	6	6	6	6	6
2	2	7	8	8	8	8	7	7	6	6	7	7	7	7	9	9	9	9	3	3	3
1	7	7	5	5	5	7	7	7	7	7	4	4	6	6	6	6	5	5	5	4	4
2	2	5	5	2	2	4	4	2	2	4	4	8	8	8	8	6	6	5	5	4	4
3	3	3	8	8	8	8	4	4	7	7	7	8	8	8	8	4	4	4	4	6	6
8	8	8	8	6	6	6	6	3	8	7	7	7	7	9	9	8	8	8	2	2	6
5	5	5	6	6	2	2	3	3	8	8	8	3	3	3	9	8	8	8	6	6	6
5	4	4	4	4	6	6	8	8	8	8	9	9	9	9	9	9	8	8	4	4	4
5	7	7	7	7	6	6	6	6	5	5	5	4	4	5	5	3	3	1	2	2	4
4	4	4	4	7	4	4	4	4	5	5	4	4	3	3	5	3	4	4	7	7	7
3	3	3	7	7	6	6	6	2	2	9	9	6	3	4	5	5	4	4	2	2	7
6	6	6	6	4	4	4	6	6	6	9	9	6	6	4	4	4	6	6	7	7	7
7	7	7	6	6	3	4	3	3	3	9	9	6	6	6	3	3	3	6	6	6	6
2	2	7	5	5	3	3	2	2	9	9	6	1	3	4	4	4	4	9	9	9	9
7	7	7	5	5	5	4	4	3	3	9	6	6	3	3	9	6	6	9	9	9	9
5	5	5	3	3	3	4	4	3	5	5	5	6	6	6	9	6	6	6	9	7	7
5	4	4	4	4	9	9	9	9	9	9	5	5	9	9	9	6	3	3	3	7	7
5	7	7	7	7	7	7	7	9	9	9	2	2	9	9	9	9	2	2	7	7	7
4	4	9	9	9	6	6	5	5	5	7	7	7	7	7	7	7	6	6	2	2	3
4	4	9	9	9	6	6	5	5	4	6	6	6	6	8	8	8	6	6	6	6	3
2	2	9	9	9	6	6	4	4	4	2	2	6	6	8	8	8	8	8	2	2	3

Puzzle 398

2							6			3			6					6	2		
4			4					4		2			4				2		5		
					2	2	5	8							8			3	2		
8	8	8		2				5	3			5					2		4		4
9				7		7		5					6		4	3			9		
9	9	9	5		4					6		6	4		4				9		
			9		5		2	2		3			8			3	3	3		2	2
	4		5		7							2	8	8	8				5		
5			4			7	6	6	2				4					3	8	4	
3				4	7			2	6					3	5					2	
4	4	7	7	7	2	2			3	7		6	6		3		6				8
4	4	7													9						6
			8	8	8	8		7	6	6				7		9			3		3
1	7	7		5						7	4		6			6	5				
			5	2					2	4				8			6	5	5	4	4
3	3	3					4				7	8	8		8			4			
		8								7			7				8		2	2	
5	5	5	6			2	3				8	3		3		8	8	8	6		
			4			6	8			8	9					9	8	8	4	4	4
						6		6				4		5			3	1			4
			4					4	5		4			3			4		7		
3	3	3		7			6	2		9	9		3		5				2		
			6	4		4			6		9			4			6		7		
7		7		6		4			3		9		6		3						6
2						3	2		9					4	4			9			
7					5	4				9	6			3		6		9		9	9
					3	4		3	5					6	9			6	9		
5	4			4	9							5				6			3		
	7			7				9	9	9	2			9				2	7		
4		9			6	6		5			7					7	6			2	3
		9			6	6			4	6			6			8	6		6		
2	2				6		4				2	6	6	8		8				2	3

8	8	8	8	3	1	3	3	3	5	5	5	5	5	6	6	6	2	2	9	9	9
8	8	8	8	3	3	7	7	7	3	3	3	6	6	6	2	2	4	4	4	9	9
2	2	5	5	5	5	7	7	7	7	5	2	2	4	4	4	3	2	2	4	9	9
3	3	3	5	2	2	4	4	4	4	5	5	3	3	3	4	3	3	7	7	7	9
8	8	6	6	6	6	3	3	3	6	6	5	5	2	2	3	4	4	4	7	7	9
8	8	6	6	2	2	6	6	6	6	4	4	4	4	3	3	4	3	3	3	7	7
8	8	4	4	4	4	9	9	9	9	9	9	9	9	9	7	7	7	4	4	4	4
8	8	2	2	5	5	3	3	3	4	4	4	4	3	3	3	7	7	7	7	2	2
6	6	5	5	5	4	4	4	4	1	3	3	3	2	2	4	4	4	4	3	3	3
6	6	4	4	4	2	7	7	7	7	5	5	5	5	8	2	2	5	5	5	4	4
6	6	4	8	8	2	7	7	7	6	6	6	6	5	8	8	5	5	8	4	4	1
2	2	3	3	8	8	8	8	6	6	9	9	9	2	7	8	8	8	8	3	3	3
3	3	5	3	4	4	8	8	7	7	9	9	9	2	7	7	7	7	7	7	2	2
3	5	5	4	4	3	3	3	7	7	9	9	6	6	6	4	4	4	4	8	8	9
5	5	3	3	3	5	5	4	7	7	7	9	6	6	6	8	8	8	8	8	8	9
2	2	8	2	2	5	5	4	4	4	2	2	3	3	3	9	9	9	9	9	9	9
8	8	8	3	3	3	5	8	8	8	4	4	2	2	8	8	8	8	8	8	8	8
8	8	8	8	2	2	8	8	8	8	4	4	3	3	3	4	4	4	4	7	7	7
4	4	4	4	3	3	3	8	9	9	9	9	9	9	9	8	8	8	7	7	7	7
2	2	3	3	4	4	2	2	4	9	9	5	5	8	8	8	8	8	5	5	2	2
4	4	4	3	4	4	9	4	4	4	5	5	5	6	6	6	6	6	6	5	5	5
4	2	2	9	9	9	9	6	6	6	7	7	7	7	9	9	9	9	9	3	4	4
3	3	3	9	9	9	9	7	6	6	6	7	7	7	9	9	6	6	6	3	3	4
5	5	5	5	5	3	3	7	7	4	4	4	4	3	9	9	6	6	6	5	5	4
8	8	8	8	8	3	4	4	7	7	7	7	3	3	2	2	4	4	4	5	5	5
8	8	8	2	2	4	4	8	8	6	6	6	4	4	1	3	4	2	2	6	6	6
3	3	3	8	8	8	8	8	8	2	2	6	6	4	4	3	3	6	6	6	9	9
6	6	6	6	6	6	5	5	5	5	5	6	5	5	5	4	4	4	4	9	9	9
4	4	4	4	2	2	4	3	3	3	4	4	5	6	5	3	3	3	9	9	9	9
6	6	6	6	4	4	4	2	2	4	4	6	6	6	6	4	4	4	4	6	2	2
6	6	2	2	5	5	5	5	5	2	2	6	4	4	5	5	5	6	6	6	6	4
2	2	4	4	4	4	2	2	3	3	3	4	4	1	5	5	2	2	6	4	4	4

Puzzle 399

						3	3			5			5				2		9		
8		8	8		3		7			3	3		6		2			4		9	
2					5				7	5	2		4				2			9	
3			5	2		4			4		5	3					3	7		7	
8	8	6		6				3	6				2					4	7		
			6		2			6		4					3				3		
			4	4	4	9												4	4		
	8		2	5		3			4				3			7				2	
	6				4					3		3		2		4				3	
	6	4		4		7	7			5					2					4	
6			8		2	7	7	7				6	5	8		5		8	4		1
2									6			9	2	7							
	3	5	3				8			9										2	
				4	3		3	7	7	9					4						9
	5			3		5	4	7		7	9	6			8						
2	2			2					4		2	3		3	9						
			3						8				2	8						8	8
8	8		8	2					8		4		3		4						
		4		3				9						9	8	8		7			7
	2	3		4	4		2	4	9		5	5	8				8	5			2
		4			4		4						6			6			5		5
4	2				9		6			7		7		9				9	3	4	
	3						7				7	7		9	9	6				3	
5			5	5	3	3			4		4		3	9	9	6		6			
		8				4				7		3	3			4		4		5	
8	8		2	2	4				6					1				2	6	6	6
3			8							2		6	4		3	3		6			
6			6			5				5	6	5				4		4			
4			4	2					3				6				3			9	
			6	4		4		2		4								4	6	2	
			2				5			2	6	4	4	5		5				6	
	2				4		2			3	4				5	2		6			4

Lösung - Solution: Puzzle 400

2	2	4	4	4	4	7	7	7	4	4	4	4	2	2	3	3	6	6	6	6	6
7	7	7	2	2	7	7	7	7	6	6	6	6	6	6	3	2	2	6	3	3	3
7	7	7	4	4	4	4	5	5	5	4	4	9	9	9	9	9	9	9	5	5	5
7	4	4	3	3	2	2	5	5	8	8	4	4	9	9	2	2	3	3	3	5	5
4	4	8	8	3	5	3	3	3	8	8	7	7	7	6	4	4	4	4	8	8	2
8	8	8	8	5	5	9	8	8	8	8	7	8	8	6	6	6	6	6	8	8	2
8	4	4	8	5	5	9	9	9	7	7	7	8	8	4	4	4	4	8	8	8	8
4	4	6	6	6	6	9	9	1	8	8	8	8	7	7	7	7	7	7	7	2	2
2	2	6	6	4	4	9	4	5	5	5	5	5	9	9	9	9	9	4	4	4	4
3	3	3	4	4	9	9	4	4	4	6	9	9	9	4	4	4	4	7	9	9	9
8	8	8	8	8	8	8	8	2	2	6	6	6	9	5	5	5	5	7	7	9	9
4	4	4	5	5	5	5	5	7	7	7	7	6	6	3	3	3	5	7	7	9	9
4	6	6	3	3	3	2	2	7	7	7	2	2	4	4	4	4	3	7	7	9	9
6	6	6	6	2	2	5	5	3	3	3	4	4	6	6	2	2	3	3	5	5	5
8	8	8	8	8	5	5	5	6	6	6	4	4	6	6	8	8	8	8	5	5	6
8	8	8	3	3	4	4	4	6	6	6	8	8	6	6	5	8	8	3	3	3	6
5	5	5	3	9	2	2	4	2	2	4	8	8	5	5	5	8	8	4	4	4	6
5	5	7	7	9	9	9	3	4	4	4	8	2	2	5	3	3	3	2	2	4	6
7	7	7	5	5	9	9	3	3	2	2	8	8	8	2	2	5	5	5	5	5	6
7	7	3	5	5	5	9	9	9	6	6	6	6	6	6	4	4	3	3	2	2	6
2	2	3	3	4	4	7	7	7	7	7	3	3	5	5	4	4	8	3	7	7	7
9	9	9	9	4	4	2	2	4	4	7	7	3	5	6	6	6	8	8	8	7	7
9	9	9	9	2	2	3	3	4	4	8	8	8	5	5	6	2	2	8	8	7	7
9	4	4	4	4	7	3	7	2	6	8	8	8	8	8	6	6	8	8	3	3	3
5	5	5	5	5	7	7	7	2	6	6	6	6	9	9	3	3	3	6	6	4	4
9	9	9	9	9	7	7	5	4	4	4	4	6	9	5	5	5	5	5	6	4	4
9	9	3	3	3	4	4	5	5	5	5	2	2	9	9	8	8	8	8	6	6	6
9	6	6	6	6	4	4	1	3	3	3	9	9	9	9	8	8	8	8	5	5	5
9	6	6	5	5	5	5	5	2	2	5	5	5	2	2	7	7	7	7	5	3	5
4	4	4	6	6	6	9	9	3	3	3	5	5	7	7	7	8	8	6	6	3	3
4	3	3	3	6	6	6	9	9	9	9	9	9	9	8	8	8	8	6	6	6	6
8	8	8	8	8	8	8	8	4	4	4	4	2	2	8	8	3	3	3	2	2	1

Puzzle 400

	2			4		7	7					4	2			3	6				6
	7			2	7	7		7					6		3		2	6		3	
		7				4						9		9					5		5
	4	4	3			2	5			8		4	9			2	3				
4	4		8		5	3		3					7	6	4						
				5		9			8		7	8	8			6				8	2
		4	8				9	9	7		7		8	4			4	8	8		8
					6		9					8						7		2	
	2		6		4		4					5	9				9	4		4	
3		3			9		4		4	6	9	9			4		4		9		9
8						8		2									5			9	
		4	5				5	7			7					3				9	9
	6	6		3			2		7	7	2	2			4			7		9	
6			6		2					3		4		6	2			3	5		
				8	5		5		6	6		4			8			8	5	5	6
		8		3		4		6				8			5				3		
5		5		9		2		2					5	5			8	4	4	4	
		7				9		4					2			3	3	2			
7					9			3	2	2	8			2				5		5	
	7	3	5			9		9						6	4					2	
	2			4		7					3	3		5				3		7	
9	9	9	9		4		2	4						6		6			8		
		9	9		2		3	4		8				5			2		8		
			4				7	2	6			8				6		8	3		3
				5								6		9			3			4	
9				9	7		5		4		4			5				5			4
	9			3	4		5			5		2					8	8	6		6
				6			1				9			9	8						
9					5		5	2	2	5		5		2			7	7		3	5
4		4	6	6	6			3		3	5			7				6	6		3
	3	3			6	6		9			9		9	8			8	6			
	8						8				4	2					3		2		

www.ingramcontent.com/pod-product-compliance
Lightning Source LLC
Chambersburg PA
CBHW082203220526
45470CB00010B/3035

* 9 7 9 8 3 2 7 2 8 3 9 0 9 *